Teaching Thinking

Philosophical Enquiry in the Classroom (Fourth Edition)

教儿童学会思考

［英］罗伯特·费希尔（Robert Fisher）／著

冷　璐／译

中国轻工业出版社

图书在版编目（CIP）数据

教儿童学会思考/（英）罗伯特·费希尔（Robert Fisher）著；冷璐译. —北京：中国轻工业出版社，2020.3（2025.2重印）

ISBN 978-7-5184-2760-4

Ⅰ.①教… Ⅱ.①罗… ②冷… Ⅲ.①儿童-思维方法-能力培养 Ⅳ.①B804

中国版本图书馆CIP数据核字（2019）第274586号

版权声明

Teaching Thinking: Philosophical Enquiry in the Classroom (Fourth Edition) by Robert Fisher/9781780936796.

© Robert Fisher, 2013.

All Rights Reserved.

This translation is published by arrangement with Bloomsbury Publishing Plc, China Light Industry Press Ltd. / Beijing Multi-Million New Era Culture and Media Company, Ltd. is solely responsible for this translation from the original work.

责任编辑：王慧超　　　责任终审：杜文勇
策划编辑：孔胜楠　　　责任校对：刘志颖　　　责任监印：吴维斌

出版发行：中国轻工业出版社（北京鲁谷东街5号，邮编：100040）
印　　刷：三河市鑫金马印装有限公司
经　　销：各地新华书店
版　　次：2025年2月第1版第6次印刷
开　　本：710×1000　1/16　印张：20.5
字　　数：158千字
书　　号：ISBN 978-7-5184-2760-4　　定价：62.00元

读者热线：010-65181109
发行电话：010-85119832　　010-85119912
网　　址：http://www.chlip.com.cn　　http://www.wqedu.com
电子信箱：1012305542@qq.com

版权所有　侵权必究
如发现图书残缺请拨打读者热线联系调换

250017Y1C106ZYW

译者序

一拿到罗伯特·费希尔（Robert Fisher）博士的《教儿童学会思考》（*Teaching Thinking*）一书，我便心生欢喜之情，难得第一次读到这样一本简明生动的哲学探究教学指南。我期盼尽快翻译完此书，让它跟广大的一线教师、科研人员、培训专家、学校管理者以及家长朋友见面。此刻译毕，甚觉得到智慧宝珠，难怪作者已经对此书进行了三次的修订再版。英国学者凯文·弗林特（Kevin Flint）评价说："在教授儿童哲学探究方面，再没有比此书更棒的著作了。"果真如此！

这是一本非常成功的可用于教授儿童哲学、哲学探究、儿童思维、对话合作式学习的实践指南与学术著作。本书可以帮助来自不同文化背景的读者了解"5C"思维［即批判性思维（critical thinking）、创造性思维（creative thinking）、关怀性思维（caring thinking）、协作性思维（collaborative thinking）、交际性思维（communicative thinking）］的具体培养、训练和教学方法。全书共分七章，分别介绍了思维教学的概念和必要性，儿童哲学教学的方法和效用，团体探究的程序、与道德教育和公民培养的关系，哲学探究刺激物的选择范围和方法，苏格拉底式探究的方法以及促进者的角色，学校里的哲学课程的开发与流程，跨学科的哲学探究融合教学等。可谓是哲学探究教学方面的简明版百科全书。

我在美国和中国研究及实践儿童哲学已近 10 年，回想初次在夏威夷威基基小学（Waikiki Elementary School）感受儿童哲学的课堂仍是感慨万千。我第一次见到原来小学课堂可以这么有温度、有深度、有共鸣。小学生们真的可以整节课都全神贯注，他们居然可以像小哲学家一样认真地思考，积极分享自己的观点，仔细聆听别人的见解，并及时给予赞许或评价。他们的奇思妙想让我忍俊不禁，他们对我这个外国人极其热情友好，甚至有的小朋友主动坐到我旁边要给我做翻译。我在想，究竟是什么样的教育可以让这群孩子围坐在一起享受学习的过程，拥有探究的动力和勇气，保持无穷的好奇与惊异，建立师生间真诚的关系，并可以设身处地地为别人思考？原来是儿童哲学。它让孩子们独立思考、积极提问、热爱探索、充满自信、富有爱心；让教师热爱教学、关心学生、审视自我、提升心智、丰盈人生。我当时便立下志愿，想要在博士阶段学习并研究儿童哲学，毕业后实践并传播哲学探究式教学，让越来越多关注教育的人受益于这种有情怀、有理智、有灵性的教学。此时，有缘实践这个志业，让我深感荣幸。

思维教学是一件非常具有挑战性的任务，许多教师深知思维教学的重要性，也有很多教育工作者对儿童哲学、哲学探究、苏格拉底式探究、儿童哲学"学科+"教学感兴趣。但是不知从何处开始，如何实践，怎么评估。在日常的学术活动和培训交流中，经常有老师问我：感觉儿童哲学教学有点摸不着头脑，不知具体的流程是什么？怎么当好一个促进者的角色？怎么选取刺激物？怎么调动学生问问题，教会他们问问题？怎么让学生深入地探讨问题？怎么评估儿童哲学的有效性？怎么将哲学探究融合到语文、数学、英语、品德、体育、美术等课程中去……我想这些问题都可以在这本书中找到答案。阅读此书的人想必会体验到"以一灯传诸灯，终至万灯皆明"这种"破无明壳，竭烦恼河"的痛快感，将会对哲学探究教学有初步的了解和全面的体会。

在翻译本书的过程中，我简直爱不释手，此书如有魔力一般吸引着我继续阅读下去。我不禁赞叹作者深厚的理论功底和丰富的教学经验，费希尔博士的讲解与感悟深得我心，这种学术上的共鸣让我的翻译过程充盈着浪漫主义的教育情怀。在真相靠后、偏见盛行、信息泛滥的后真相时代，我们更需要以批判性的眼光去审视观点，以科学合理的论证支撑言论，以内观反思的视角审查自我的觉知，以悲天悯人的情怀关心社会和世界的问题。当学生变得越来越不爱思考、不懂思考、不会思考、不去思考时，当他们变得越来越懒于提问、惰于反思、止于探索、不求甚解时，当他们缺乏人文情怀、心灵空洞乏味、对生命的意义迷茫无解时，作为教育者或家长的我们是否需要扪心自问：我能够做点什么？是否需要思考如何进行思维教学？是否需要让他们了解一下哲学探究？我怎样才能做得更好？

如若您也有这样的思索，那我将这本书敬献于您。但愿此书能点燃您心中的明灯，照亮无量无数无边孩童的心灵。

冷璐

2019 年 9 月 22 日于广州

致　谢

我非常感谢参与到发展"儿童哲学"这项工作中来的各国人士。

其中，我特别要感谢迈克尔·惠利（Michael Whalley），感谢他在30多年前首次向我展示了与小学生进行哲学讨论的潜力；也感谢我"教育中的哲学探究与反思促进协会"（The Society for Advancing Philosophical Enquiry and Reflection in Education，简称 SAPERE）的同事们，感谢他们帮助我研究和发展英国国内的儿童哲学，其中包括威尔·鲁宾逊（Will Robinson）、罗杰·萨克利夫（Roger Sutcliffe）、卡琳·默里斯（Karin Murris）、乔安娜·海恩斯（Joanna Haynes）、维克托·奎因（Victor Quinn）、罗杰·普伦蒂斯（Roger Prentice）、萨拉·利普泰（Sara Liptai）、史蒂夫·威廉斯（Steve Williams）和保罗·克莱格霍恩（Paul Cleghorn）等人，感谢他们促进了我对儿童哲学理论与实践的理解。

我非常感谢美国蒙特克莱尔州立大学（Montclair State University）儿童哲学促进中心（Institute for the Advancement of Philosophy for Children，简称

IAPC）的马修·李普曼（Matthew Lipman）、安·玛格丽特·夏普（Ann Margaret Sharp）及其同事的开创性工作，并感谢他们允许我引用他们的儿童哲学项目。我还感谢国际机构中其他研究儿童哲学的同人所做的工作和提供的建议，其中包括美国的加雷斯·马修斯（Gareth Matthews），苏格兰的凯瑟琳·麦考尔（Catherine McCall），澳大利亚的菲利普·卡姆（Philip Cam）、琳恩·欣顿（Lynne Hinton）和劳伦斯·斯普利特（Laurence Splitter），加拿大的米歇尔·萨斯维尔（Michel Sasseville），比利时的玛丽-皮埃尔·杜特莱庞特（Marie-Pierre Doutrelepont）以及奥地利的丹妮拉·卡姆海（Daniella Camhy）。

我要特别感谢朱莉·温亚德（Julie Winyard）、利泽安·奥康纳（Lizann O'Conor）以及许多西伦敦学校的教师研究人员，他们为我的"小学中的哲学"（Philosophy in Primary Schools，简称 PIPS）项目做出了贡献，也感谢布鲁内尔大学（Brunel University）支持我研究的同事们。

另外，特别感谢那些和我进行哲学讨论的中小学生。我惊叹于他们鲜活的思考以及对哲学思考的深厚兴趣。我尤其感谢书中引用的那些人，其中包括我的儿子汤姆和杰克，他们向我展示了哲学讨论在家庭中的价值。

同时也感谢黛比·佩西（Debbie Pacey）和约翰娜·基尔农（Johanna Kiernon）以及许多其他教师和研究人员的贡献。他们在学校里、会议上，通过出版物和个人通信，与我分享了他们与孩子们的工作，这些都使我了解到通过儿童哲学教授儿童思考的巨大发展空间。所有这些人的努力造就了这本书，而书中的缺点和不足都归于我个人。

目　录

导　言 /1

第一章　关于思考的思考 /7
为什么要教思考？ /8

什么是思维技能？ /15

思维教学 /18

一些常见的思维错误 /24

应该教什么样的思考？ /27

为什么是儿童哲学？ /29

第二章　儿童哲学 /35
什么是"儿童哲学"课程？ /37

如何进行"儿童哲学"的教学？ /38

一节儿童哲学课 /40

概念的发展 /44

一次哲学讨论 /45

"儿童哲学"培养了什么样的思维？ / 48

批判性思维 / 51

创造性思维 / 54

关怀性思维：同理心的表达 / 55

课堂讨论中的思考与推理 / 60

第三章　团体探究 / 67

何为团体？ / 70

一个探究团体与其他团体有何不同？ / 72

如何在课堂上创建一个探究团体？ / 74

团体探究对道德教育有何贡献？ / 80

做一个有道德的人是什么意思？ / 82

道德发展 / 84

道德态度 / 88

如何教授道德观与社会价值观？ / 90

民主教育 / 99

评估团体探究的进展 / 102

社会及其之外 / 105

对话式学习 / 109

第四章　促进思考的故事 / 111

为何使用故事？ / 113

故事引发了什么问题？ / 118

使用什么故事？　/ 131

邀请儿童提问　/ 145

引导讨论　/ 150

第五章　对话式教与学　/ 157

谈话的类型　/ 158

对话与苏格拉底式教学　/ 161

什么是苏格拉底式教学？　/ 165

苏格拉底式教学与传统教学有什么不同？　/ 169

什么是苏格拉底式探究？　/ 174

儿童哲学与苏格拉底式对话　/ 177

什么是苏格拉底式提问？　/ 182

如何促进苏格拉底式讨论？　/ 186

第六章　学校里的哲学　/ 197

恢复性纪律　/ 198

尊重权利的学校　/ 200

学会思考与学习　/ 202

在课堂上创建一个探究团体　/ 204

儿童哲学有用吗？　/ 232

第七章　为生活而思考　/ 239

课程中的哲学　/ 241

培养智力行为习惯 /242

英语语言与文学 /244

数学 /248

科学 /253

设计与技术 /259

历史 /263

地理 /267

艺术 /270

音乐 /274

体育与运动 /279

宗教教育与精神 /283

公民教育 /287

发展民主团体 /289

结语 /291

附 录 /299

附录 1 与儿童一起思考的问题或主题 /299

附录 2 用于思考的词语：一种概念课程 /302

附录 3 对话技能清单 /305

附录 4 我们如何评价对话取得的进展？ /307

附录 5 评估一次讨论：给学生的一些问题 /308

参考文献 /311

导　言

> 对我来说，哲学意味着和孩子们一起在思想上冒险。我知道这是可以做到的。问题是：我应该怎么做？怎样才能做得更好？
>
> ——实习教师

提高儿童思维能力的挑战是教育的核心问题，也是近年来课程改革的重点。正如8岁的保罗所说："正是通过思考，我们才能创造一个更美好的世界。"教会孩子们如何思考是全球"儿童哲学"运动的核心。这项运动利用哲学探究来提高来自世界各地30多个国家、不同年龄段、不同学习能力学生的思维能力、学习和语言技能。

这本书以英国的儿童和学校研究为例，讲述了儿童哲学的理论和实践。它为在家或在学校与孩子们进行哲学探究提供了方法，通过对话鼓励他们进行批判性和创造性思考。这并不是教孩子们哲学知识，而是教他们如何参与一种特别的讨论——哲学讨论，教他们如何做哲学。这本书的写作目的是展示无论是在家或是在学校，与孩子进行哲学讨论可以使倾听和分享变得更有价值。哲学讨论跟我们每天与孩子们对话和思考时做的事情息息相关，我们可以通过使用一种称为"儿童哲学"（Philosophy for Children）的方法使这些事情做得更好。

第一章"关于思考的思考"开篇就对思维教学的重要性进行了探究，阐述了哲学在提供更有效的思维方式方面所能发挥的作用，并尝试回答以下问题：

- 为什么要教思考？
- 应该教什么样的思考？
- 为什么要用儿童哲学教思考？

哲学是唯一一门以思考为主题、以提高思维能力为目的的学科。而教师所面临的问题是：如何引导学生进行思想深刻的讨论？

第二章"儿童哲学"介绍了儿童哲学项目以及马修·李普曼的开创性工作，并尝试回答下列问题：

- 什么是儿童哲学？
- 怎么教授儿童哲学？
- 儿童哲学培养了什么思维？

本章通过示例材料和课堂讨论摘录对李普曼的方法进行了概述和说明。事实证明，他的方法确实促进了某些思维技能的开发。儿童哲学不仅是一种培养推理技能的方法，而且是一种"团体探究"（community of inquiry）型教学策略，为道德思考和社会教育提供了环境。

第三章"团体探究"展示了如何通过让孩子参与哲学讨论的方法，去更好地实现教育的道德和社会目的，并尝试回答以下问题：

- 我们如何设计哲学讨论？
- 我们如何促进哲学讨论？
- 我们如何评估儿童哲学的益处？

本书后面的章节展示了哲学讨论如何扩展并丰富了学习的方方面面。

第四章"促进思考的故事"展示了如何通过故事来激发哲学讨论，从而发展批判性思维和读写能力（阅读、写作、口语和听力），并回答了以下问题：

- 为什么用故事来促进思考？
- 什么样的故事可以用于思考？
- 如何用故事来促进思考？

通过教学理念和课堂讨论的例子，本章充分阐释了"用故事促进思考"的方法。事实证明，故事是激发哲学探究的好方法，但是什么是引导对话式讨论的最好方法呢？

第五章"对话式教与学"探讨了苏格拉底式教与学的方法，并回答了以下问题：

- 什么是对话式教学？
- 对话式教学与传统教学有何不同？
- 我们如何促进对话式讨论的学习？

这一章展示了如何用对话式教学来实现教育的社会、道德和认知层面的基本目标。

第六章"学校里的哲学"总结了儿童哲学的关键要素，并试图回答以下问题：

- 哲学探究如何帮助学生的在校学习？
- 什么是好的哲学讨论？
- 儿童哲学行得通吗？

第七章"为生活而思考"展示了哲学讨论是如何渗透到课程学习和生活的各个领域的，并试图回答以下问题：

- 哲学探究是如何融入课程的？为什么我们需要哲学？
- 哲学探究培养了什么习惯和智慧的行为技能？
- 如何将哲学对话应用于每一门学科以促进终身学习？

每一章都以一系列的讨论问题结束。这些讨论问题促使你进一步思考所讨论的问题，思考如何更好地参与思维教学。

本书的最后是附录和推荐书目部分。附录部分的材料包括支持哲学讨论的教学计划、课程和评估。

本书中哲学讨论的例子大多来源于作者与学校中的教师和学生进行的研究。这些摘录的目的是让孩子和老师的声音被听到，并阐释如何与不同年龄段和学习能力的孩子进行哲学探究。附录1列出了课堂讨论的问题或主题，并通过书中引用的课堂讨论的摘录给予了进一步的解释和说明。

希望本书所描述的思维和学习模式能够为您与孩子们一起进行思想冒险提供灵感，并激励您做自己的研究。

注：本书中提到的"儿童哲学"是指儿童通过"团体探究"的方法进行哲学讨论。"儿童哲学"这一术语是指由马修·李普曼创立的研究项目，本书第二章将对此进行详细讨论。

第一章　关于思考的思考

> 就学生的头脑而言,学校可以或需要为其做的所有事情……就是培养他们思考的能力。
>
> ——约翰·杜威(John Dewey,1916)

> 哲学让你去思考一些东西。
>
> ——蕾蒙德,10 岁

很多人都同意杜威的口号,即教育应该关注培养孩子的思考能力,这并不是告诉他们思考的内容,而是要帮助他们找到实现自己人生意义的道路。[1] 因为如果思考是儿童理解事物的方式,那么培养他们的思维能力将有助于他们从学习和生活中获益良多。但是,我们能否教导孩子成为一个更有效的思考者呢?如果能够做到这一点,那又应该怎么教呢?在我们研究思维教学方法之前,我们需要问一下为何关注学生的思考能力看起来如此必要。

---

[1] 关于教授思考的不同方法请参见:罗伯特·费希尔,《教孩子学会思考》(*Teaching Children to Think*, Cheltenham: Stanley Thornes, 2005),第 2 版。

为什么要教思考？

每个人都认为，或者就像孩子说的那样："我们都在思考……至少我们认为我们是这样做的。"我们的生活品质和学习效果取决于我们的思考能力。如果我们能够系统地培养更好的思维能力，那么我们肯定应该去培养。思维教学经常被提及的一个原因是，思考是人类发展的内在要求，每个人都有权发展自己的思维能力。思维教学本身就成为了一个目的，因为我们人类是具有思考能力的动物，我们有权接受那些促成人之所以能成为人的教育。[1] 我们头脑的发展是我们接受教育的意义，也是人之所以成为人的部分原因。根据这种观点，教育的关键功能是教儿童学会批判性、创造性和有效性思考。正如9岁的戴维所说："如果学校不是为了帮助你思考并成为一个更好的人，那它是为了什么呢？"

思维教学的另一个理由是，我们能从那种正确的智力刺激和挑战中获得乐趣。我们的大脑天生就有解决问题的能力，我们喜欢那些我们能够解决的谜题。对希腊人来说，哲学是一个提出问题和解决问题的过程，也是一个给予快乐的过程。他们认为，人类智力的运用既产生了美德，也产生了满足感。19世纪，约翰·斯图尔特·密尔（John Stuart Mill）通过区分他所谓的人类生存的"高级"和"低级"快乐，进一步发展了这一思想。他说，精神上的高级快乐比身体上的低级快乐更深刻、更令人满足。20世纪，哲学家约翰·罗

---

[1] 关于每个人都有权发展个人智力的讨论请参见：L. A. 麦查多（L. A. Machado），《智慧的权利》（*The Right to be Intelligent*, New York: Pergamon Press, 1984）；H. 西格尔（H. Siegel），《教育理性：理性、批判性思维与教育》（*Educating Reason: Rationality, Critical Thinking and Education*, London: Routledge, 1988）；A. 科斯塔（A. Costa），《发展心智》（*Developing Minds*, Association for Supervision and Curriculum Development, 2001）。

尔斯（John Rawls）用一种更普遍的方式表达了思考和快乐之间的联系，他声称，"在其他条件相同的情况下，人类享受行使他们的理性能力（他们天生的或训练有素的能力），这种理性思维能力实现得越多，或者思考越错综复杂，他们越快乐"。[1] 我们可以从谜题书和电视智力竞赛节目的流行中看到这一点。8 岁的卡伦回应道，她喜欢哲学的原因是因为"这是一种谜题"。

对学校课堂的研究支撑了这一观点，即学生更有动力、更积极地参与能够激发他们智力的课堂。他们喜欢那些让他们思考的老师。他们更喜欢这样的课程，例如"要求他们解释、分析或熟练使用信息，或将学到的知识和技能应用于新问题或新情况"。[2] 智力挑战性教学已被确定为培养高效教师和成功学校的关键因素之一。[3] 就像 10 岁的克里斯说的那样："我喜欢那些老师不教给你你已经知道的课，而是你要自己去思考的课。"

哲学是关于什么的？

以下是 9—10 岁儿童对学习哲学乐趣的一些看法：

哲学是关于……

……让你思考。它使你的思想升华。我喜欢这样子，去思考一些你从来没有想过的、很难的东西。（卡拉）

……很多事情像听、读、说你的想法，但其中最重要的是思考。这是唯一一个关于思考思维的课。有许多有趣的事情需要去思考，比如以前没有人想到

---

[1] J. 罗尔斯（J. Rawls），《正义论》（*A Theory of Justice*, Oxford: Oxford University Press, 1971），第 426 页。
[2] R. H. 史蒂文森（R. H. Stevenson），《思考社会研究中的参与和认知挑战：一种学生视角研究》（"Engagement and Cognitive Challenge in Thoughtful Social Studies: A Study of Student Perspectives"），《课程研究杂志》（*Journal of Curriculum Studies*），1990 年，第 22 卷，第 4 期，第 329—341 页。
[3] P. 莫蒂默（P. Mortmore），《效能学校：目前的影响和未来的潜力》（*Effective Schools: Current Impact and Future Potential*, University of London: Institute of Education, 1995）。

过的问题："时间是从什么时候开始的？"或者"谁先想到第一个想法的？"
（杰玛）

……解决问题。这很好，因为它能促使你利用在其他课程中不使用的大脑部分。这就像一个游戏。倾听别人的想法和产生自己的想法是一件很有趣的事。
（卡尔）

思考不仅可以带来快乐，也非常有用。发展思维和学习技能的许多原因是因为其工具性和实用性，这也与个人和社会的成功相关。任何社会最重要的资源是其公民的智力资源。一个成功的社会将是一个思考型社会，在这个社会里，公民的终身学习能力得到最充分的实现。要理解任何学科领域的知识，都需要批判性思维和创造性思维。正像9岁的梅甘在她的一堂哲学课上说的："哲学帮助我思考，如果我想学习，我就需要好好思考。"

需要教授思考技能的部分原因是，人们越来越意识到社会已经发生了变化，适用于以前一代人的技能可能不再适用于当今学生的未来的学校以外的世界。社会内部的变化速度如此之快，以至很难评估未来需要什么样的实际知识，这意味着学校不应该把重点放在传授信息上，而应该放在教学生学会学习和独立思考上。面对未来不可预测的世界，学生需要获得一些技能，以使他们能够最大限度地调控自己的生活和学习，为此，他们需要在尽可能高阶的水平上进行批判性和创造性思考，并培养一种对全球性问题和难题的意识。正如10岁的桑德普所说："我们不知道将来会有什么问题，所以我们最好现在就开始思考。"

通过智力挑战锻炼思维不仅是在变化多端的世界中获得享受和成功的一种手段，也可以提升道德品质和美德。智力美德可以被看作一系列复杂的特质，包括好奇心、深思熟虑、寻求真理的智力上的勇气和毅力、思考和分析的意愿、评判和自我纠正的意愿、对他人观点和其他因素的开放态度，这些都需要通过实践进行培养。这些品质需要通过自我思考和与他人共同思考来进行锻炼。和孩子一起进行哲学探究可以成为一种手段，这种手段可以使思想开放、坚持不懈、尊重他人和自我反省等品质体现在人的性格中。"思考就是我们在世界上的目的。思考可以帮助你成为一个更好的人。"（基兰德普，8岁）

教孩子成为更好的思考者既是理性的事业，也是道德的事业，可以看作通过特定的教育过程实现个人的本性。这个过程需要的不仅仅是一套孤立的思维技能。这也是一个培养态度和性情的问题。思维教学不仅仅是传授某项技能的问题，因为如果这些技能不能被有效使用，它们将变得多余。如果不将它们用于积极目的，那么世界上所有精心磨炼的思维技能都将是徒劳的。如果思维教学要获得成功，我们必须做到：

- 考虑如何激发和强化孩子思考的意愿。
- 教孩子思考的技能。
- 鼓励孩子乐于探究的性情。
- 鼓励孩子相信他们的思考是可能的、被允许的和有成效的。

我们拥有的技能并不能说明我们是谁，因为技能并不涉及我们的性格、需求或价值观。正是因为性格、需求或价值观，我们才成为这样或那样的人。

一个好的思考者是怎样的？

理想的批判性思考者的性情[1]和来自儿童的一些评论：理想的批判性思考者展示了许多智力美德。其中包括：

1. 追寻真理

他们关心自己的信念是真实的，而且他们的决定是尽可能合理的。他们通过以下方式证明了这一点：

（1）寻找替代方案（假设、解释、结论、计划、来源、想法）。

（2）以可获得的信息支持自己的观点。

（3）充分了解情况，包括了解他人的观点。

一个好的思考者总是试图发现新的事物。（雷切尔，9岁）

2. 诚实

他们关心自己的立场以及他人的立场是否被诚实地呈现。他们通过注意到以下情况展现了这一点，比如：

（1）清楚了解自己的意思。

（2）保持对问题的关注。

（3）寻求和提出理由。

（4）考虑到与情况相关的所有因素。

（5）了解自己的观点。

（6）认真考虑其他人的观点。

要想成为一个好的思考者，你必须对自己和他人诚实。（布雷恩，9岁）

---

[1] 改编自：R. H. 恩尼斯（R. H. Ennis），《批判性思维》(*Critical Thinking*, Englewood Cliffs: Prentice Hall, 1996)。

3. 尊重他人

他们关心每个人的尊严和价值。他们通过以下方面展现出了这一点：

（1）注意倾听他人的观点。

（2）避免嘲笑或恐吓他人。

（3）关心他人的福祉。

一个好的思考者会听别人怎么说，即使他不同意他们的观点。（尼古拉斯，9岁）

作为一个人意味着有一种自我意识，包括作为一个思考者和学习者的自我意识，以及通过我们与他人的互动而产生的一种他人意识。对教育目的的一种广泛认识是，要培养参与、集中、合作、组织、推理、想象和探究等智力美德和性情。我们需要培养追寻真理、诚实和尊重他人的美德。与孩子们进行哲学讨论的一个中心目的是发展这些智力美德。9岁的雷吉夫似乎意识到他想要思考，他在评论中这样说道："我擅长思考，但我并不总是想这样做。在哲学课上，你想要思考，并且你必须思考。"

教孩子学会思考的另一些原因集中在人类生活的社会性质，特别是民主与公民身份的联系上。一个充分参与的民主社会需要能够自主思考、判断和行动的公民。要培养一个在道德上自主的人需要教他们学会批判性思考，因为如果公民缺乏将谎言与真理区分开来的技能，就不会有民主自由。民主取决于大众的共同理解和语言的选择性使用。正如一个16岁的孩子所说，我们在一个日益商业化的世界中所需要的是"发展良好的废话探测器"。随着地区性、国家性和国际性问题变得越来越复杂，那些为我们思考的人的声音变得更有说服力，我们需要批判性思维能力来帮助我们对公共问题进行明智的判断，从而以民主的方式为解决社会问题做出贡献。哲学探究涉及对社会的道德规范和价值观的探究，旨在培养儿童的批判意识，这种意识源于他们作为世界的思考者和未来世界的变革者的参与经验。

民主是人类追求自由——包括思想自由和言论自由——的政治表现。教育应该是一个逐步帮助儿童认识到人类自由和人类责任的本质的过程。孩子们在学校所面临的前所未有的危险是，他们置自己真正的思考于不顾，反而复制教师或同伴的想法。孩子们面对的诱惑是依赖海德格尔（Heidegger）所说的"道听途说"（hearsay），也就是把二手思想和经验"给予"孩子们，而不请他们评估和解释他们所知道的知识，并使之成为自己的想法。[1] 我们需要鼓励孩子们以自己的方式思考，表达他们真实的个性。真实的意思是指不要墨守成规，只遵循他人的想法而自己却不假思索；或者不要服从于暴政者的言论，而是意识到为自己思考的责任感，并行使作为一个个体表达自己心声的权利。正如 11 岁的帕特里克所说："如果我不能说出我的想法，为什么还要费心去思考呢？"

强调真正的个性化思考的一个问题是，它可能导致以自我为中心的问题。如果一切都围绕着我的想法转，那么我的思想将趋向于自我参照，我将成为所谓"自我"（me）社会的一部分。G. H. 米德（G. H. Mead）认为，理性的人是能够采纳"广义的他者"（the generalized other）观点的人。[2] 如果为自己思考是一种重要的性情，那么考虑他人的观点也肯定是一种性情。思考不仅通过为自己思考，而且通过与他人共同思考和通过他人的思考来得到扩展。

---

[1] 关于这种存在主义观点的讨论请参见：M. 邦尼特（M. Bonnet），《儿童的思维：促进小学生的理解》(Children's Thinking: Promoting Understanding in the Primary School, London: Cassell, 1994)，第 97 页后。

[2] G. H. 米德，《心灵、自我和社会》(Mind, Self and Society, Chicago: University of Chicago Press, 1934)。

"我是谁"这个问题的部分本质是我与他人的关系以及我与他人思想的关系。我们既是社会人，也是寻求存在意义的人，理解他人和理解自己一样重要。教学不仅要以个人为中心，还要以团体为中心（课堂是团体的一种形式）。维果茨基（Vygotsky）声称，正是通过社会环境中使用的语言，孩子们学会了控制自己的思维，并帮助他们发挥他们的智力潜能。[1] 但是，我们所有人都拥有和能够分享的这种思考能力是什么呢？

目前，对思维过程这个问题既没有形成共识，也没有明确的解释。不出所料，对于推理和智力的本质存在着许多冲突意见，许多人仍然对教学思维的想法持怀疑态度。[2] 即使在专家中，对思维技能的定义也存在很大的不同，许多作者已经创建了思维技能列表，这些列表有时会包括数百个独立的项目。但在什么意义上，我们可以说思考是一种技能？儿童哲学项目的创建者马修·李普曼指出了给思维技能下定义的困难。他认为，这样的清单将是无穷无尽的，"因为它是人类智力能力的清单"[3]。

什么是思维技能？

传统的智力观认为，智力是一种单一、普遍的能力，但越来越多的研究人员认为，智力包括一系列的能力和技能。这些技能并不是头脑中某个地方存在的神秘实体，它们也不是像精神肌肉一样是存在于大脑中的实体。智力指的是

---

[1] 维果茨基，《社会中的心智》（*Mind in Society*, Cambridge, MA: Harvard University Press, 1978）。
[2] 对"思维技能"教学观点的批评包括：J.E. 麦克派克（J.E. McPeck），《批判性思维与教育》（*Critical Thinking and Education*, New York: St. Martin's, 1981）；S. 约翰逊（S. Johnson），H. 西格尔，《教授思维能力》（*Teaching Thinking Skills*, London: Continuum, 2010）。
[3] 马修·李普曼，《儿童哲学促进思维技能》（"Thinking Skills Fostered by Philosophy for Children", 1983），儿童哲学促进中心，引自科尔斯（Coles）与鲁宾逊（Robinson）1991年的著作，第13页。

人类有意识地思考以达到某种目的的能力。这些过程包括记忆、将思想翻译成文字、提问、计划、推理、分析、假设、想象、基于理由和证据形成判断等。思考技能是人类作为智人种的部分能力，锻炼思考可以成就智人（sapiens）。

技能通常被定义为在执行某项任务或在任务中取得成功的实际能力。"技能"这个词最初是指心灵的能力，源自古挪威语"*skila*"，意思是"推理、区别或识别"。英国都铎王朝时期的剧作家约翰·斯凯尔顿（John Skelton, 1460—1529）在他的戏剧《壮丽》（*Magnificence*）中写道，"是理性与技能，让你实现快乐。"在他的戏剧中，斯凯尔顿认为，我们需要推理和识别技能以防范政治上的邪恶，也能够实现充实和愉快的生活。如果真是这样，我们可以帮助孩子发展"理性和技能"，我们应该尝试这样去做。

一些批评家对思考是一种技能的想法持有异议，他们认为，没有普遍的思考技能，所有的思考都是关于知识的一个特定方面的，或者与学校课程中的某个特定主题相联系。[1] 然而，不同的学习领域可以有共同的地方，虽然像历史这样的学科可能有特定的内容，但这并不意味着它与其他课程中的思考没有联系，例如，在需要给出原因和分析证据时。

专注于思考并不意味着忽视知识的作用。知识是必要的，但是如果要教孩子们学会独立思考，仅仅知道很多东西是不够的。孩子们需要知识，但他们也需要知道如何获取和使用它。"知识来自他人，"11 岁的利奥说，"但思考来自你自己……或者应该来自自己。"

的确，思考必须是关于某件事的，但人们可以或多或少地进行有效的思考。例如，许多学习领域与评估原因、形成假设、建立概念联系和提出思辨性问题的能力息息相关。正如 10 岁的杰玛所说："要成为一个好的学习者，你

---

[1] 关于批判性思维各种定义的讨论请参见：A. 费希尔（A. Fisher），《批判性思维导论》（*Critical Thinking: An Introduction*, Cambridge: Cambridge University Press, 2001）。

需要训练你的思维。"

有些理论家更喜欢用"批判性思维"一词不仅指分析智能和口头推理，还指"反思性思维"的各个方面，包括创造性思维和"思想开明"等特质。其他人，包括我在内，会认为创造性思维的各个方面与分析智能不同，创新思维大师爱德华·德博诺（Edward de Bono）将这两种主要的思维方式描述为发散（创造性）思维（divergent thinking）和聚合（分析性）思维（convergent thinking）。美国社会心理学家罗伯特·斯坦伯格（Robert Sternberg）认为，一般的能力有三种：分析（analytical）能力、创新（creative）能力和产出（productive）能力。美国教育心理学家霍华德·加德纳（Howard Gardner）声称，基于不同文化所认同的技能和能力，我们拥有"多元智能"（multiple intelligences）。多元智能理论近年来对教育理论和实践产生了越来越大的影响，尽管并非所有人都认可加德纳的主张。[1]

的确，我们通常指的是特殊情况下的技能，例如，擅长烹饪或是成为技艺娴熟的音乐家，但"技能"也指认知表现方面的一般能力，例如，拥有逻辑思维、良好的记忆力、创造力或分析能力等。思维技能是一种能够以不同方式去思考的能力或实践能力，这种思考方式在文化或社区中被认定为多少应该是行之有效或熟练的。但是，学习一项技能是不够的，我们希望我们的孩子定期使用他们的技能，养成批判性、创造性和关怀性思考的习惯。良好的思维要求人们通过实践将认知技能变成智慧行为的习惯，我们知道，例如，孩子越是经常这样做就越是可以更好地给出理由或提出问题。

心理学家和哲学家通过强调与思维普遍相关的性情（disposition）——比如，注意力和动机——的重要性，帮助我们扩展了对"思维"一词的理解。这促使

---

[1] 参见：J. 怀特（J. White），《霍华德·加德纳的多元智能合理吗？》（*Do Howard Gardner's Multiple Intelligences Add Up?*, London: Institute of Education, 1998）。

我们从单纯地认为"思维技能"是孤立的认知能力或"智力"转向认为思维与情绪和性情（包括"情商"）密不可分。情商（emotional intelligence）即我们理解自己和他人情绪的能力，也被李普曼称为"关怀性思维"（caring thinking）。

人类的头脑拥有许多让学习得以发生的能力或功能。传统的智力观认为，智力是先天的、不可改变的，一些人仍持有这种观点。有个孩子曾对我说："要么你得到了智力，要么你就没有。"他认为他就没有，而且他也无能为力。直到20世纪中叶，支配教育实践的先天智力观受到了维果茨基、皮亚杰（Piaget）和其他发展了建构主义心理学学者的挑战，这些人认为，学习者可以作为自我知识的积极创造者。无论智力被视为一种一般能力还是多种能力，研究人员一致认为，智力是可以改变的，并且是可以发展的。

思维教学

在过去的50年里，全世界都在研究如何通过明确的思维教学来提高儿童的学习能力。这项研究表明，如果"思维教学"干预有很强的理论基础，并且教师对课程或教学策略的使用有热情、接受过良好的培训，那么这种干预是有效的。许多国家的教师正在朝着新的方向发展"思维教学"方法，将它们整合到日常教学中，创建"思维教室"，并制定整个学校的政策以创建"思维学校"。

从这项研究中得出的关键原则包括，需要教师和看护人员提供：

- 认知挑战：在最早期就开始挑战儿童的思维。
- 共享思维：通过让儿童与他人合作来扩展思维。
- 元认知回顾：让儿童讨论和回顾他们的想法和所学。

鲁文·弗斯坦（Reuven Feuerstein）为苦苦挣扎的学习者创建了一个叫作"工具强化"（Instrumental Enrichment）的课程，爱德华·德博诺提出了"水平思考法"（lateral thinking），他们的这些研究和先驱工作激励了广泛的课程与项目开发，包括"认知加速"（Cognitive Acceleration）方法［比如，阿迪（Adey）和谢耶（Shayer）的"科学教育中的认知加速"］、所谓"基于大脑的"方法（比如"加速学习"）和"哲学的"方法，比如，李普曼的儿童哲学。与其他方法不同的是，李普曼旨在发展思考的道德、社会、情感以及智力方面——关怀性思维和合作性思维以及批判性思维和创造性思维。

对话在最成功的思维教学干预中起着核心作用，长期以来被认为是有效教与学的指导原则。对话不仅仅是谈话，不是没有特定主题或目的的"说和听"，也不是对抗性辩论。在这本书中，对话被定义为尊重不同意见的人之间的一种交流方式。对话是一个在安全环境中允许真实聆听的过程。对话为每个参与者提供了深化学习、转变观念和发展自我意识的可能性。真正的对话没有隐藏的议程，它旨在促进理解力。对话是一个转变的过程。很少出现一次对话便激发转变的现象。为了维持学生参与对话的习惯，让他们在对话中感到足够安全，以尊重他人的方式向他人敞开心扉，并进行深思熟虑的发言和仔细的倾听，这往往需要多次的对话。

人类文化是对话的产物。对话的起源可以追溯到古代部落社会。对话促进了人类合作，在创造最早期的人类文明方面发挥了作用，并已成为全世界社会交流的一个特点。在西方，哲学对话的悠久传统可以追溯到公元前5世纪，当时柏拉图记录了苏格拉底在雅典的集市与普通人的对话。中世纪的修辞学和神学辩论以及18世纪欧洲沙龙和大学的学术生活延续了对话这一传统。

在中东，对话是犹太信仰和穆斯林信仰传统中进行辩论和达成一致意见过程中的普遍特征。在非洲，人们形成了传统的"交涉"（Palaver）制度，这一表达出现在西非，用来指任何需要对话的东西，如争端、误解或协商。这些解决争端的地方被称为"交涉屋"（Palaver Hut）。在远东地区，佛教寺院有着悠久的辩论传统。

今天，联合国通过其教育机构教育、科学及文化组织（United Nations Educational, Scientific and Cultural Organization, 简称为 UNESCO，即"教科文组织"）建议将哲学对话纳入国家课程。[1] 对话在创造自由、民主的社会条件和发展公民一般能力方面起到了关键作用。世界各国通过签署联合国国际公约来促进支持批判性思维、对话与和平共处文化的教育实践。联合国《儿童权利公约》（Convention on the Rights of the Child, 简称 CRC）第 12 条说："有主见能力的儿童有权对影响到其本人的一切事项自由发表自己的意见，对儿童的意见应按照其年龄和成熟程度给予适当的看待。"在促进不同文化的人们实现大团结方面，对话必不可少，在不同的文化背景和多元的教育政策下，通过分享不同文化的思想和对话，人们可以更好地了解自己和他人。与这些目标相同并已在世界范围内广泛传播的一种思维干预教学便是儿童哲学，它已在 40 多个国家实施，包括其发源地美国、已经积极发展它的英国和澳大利亚，以及巴西、伊朗和韩国等不同国家。

和其他地方一样，英国的教育课程不再仅仅被视为学科知识，而是要培养公民技能和终身学习技能。良好的教学不仅是为了实现特定的课程目标，而且也是为了培养普遍的思维技能和学习行为，使学生在不确定的未来为生活做好准备。正如 10 岁的贝丝在一次关于教育目标的儿童哲学课上所说的："只有通过思考和交谈，我们才能创造一个更好、更公平的世界。"

---

[1] 参见：教科文组织，《哲学：一所自由的学校》（*Philosophy: A School of Freedom*, 2007）；教科文组织，《欧洲和北美的哲学教学》（*Teaching Philosophy in Europe and North America*, 2011）。以上内容均可在教科文组织网站查阅。

虽然在定义上可能存在问题，但关注思维教学可以显著提高所有学生的教育质量。我们的第一个任务是，在尝试制定一个有助于发展学生智力的教学模式这一雄心勃勃的计划之前，我们应该尽量理清什么是关于思考的思考。

思考与语言紧密相连。维果茨基认为，语言交流是人类进行思考和学习的主要工具。但并非所有的思考都取决于语言。建筑师可能会试图通过在电脑屏幕上排列和重新排列模型来思考他的建筑项目设计，雕刻家可能会通过建模和重塑一块黏土来塑造一座雕像，一个孩子可能会画出他的想法。但是，使人类头脑变得如此强大的，是使用言语来学习，尤其是与强大的符号记忆相联系的精心设计的语法，它使人类能够精心设计、提炼、连接、创造和记忆大量的新概念。因此，任何思考项目的一个主要目标都应该是通过增强学生的沟通能力和概念形成能力来发展语言智能。

开始教授思考的一种方法是，鼓励孩子思考自己的思考，同时让他们思考并讨论以下问题：什么是思考？通过鼓励孩子进行关于思考的思考，我们可以帮助他们发展元认知意识，更好地理解自己的头脑。正如一个孩子最近说的，"如果你真的知道你的头脑是怎样运作的，它会运作得更好！"以下是在哲学课上讨论完这一问题后的一个写作例子[1]：

什么是思考？

这是10岁的安娜对思考的一些反思：

思考是一种头脑的状态。它被分为两个区域：选择和快乐。选择包括每天的选择——比如，玩耍弄湿自己后要做什么，以及严肃的选择——比如，是否上大学。快乐包括所有其他的思考。猜测不是思考。思考就是生活。我们无法过不思

---

[1] 我感谢萨拉·利普泰提供的这一课堂讨论的例子。

考的生活。做梦是唯一的例外。选择和快乐的两个领域并没有涵盖做梦。做梦是很奇怪的,因为你的身体和大脑无法控制它们。它们几乎没有思考。什么是梦?

维果茨基是最早认识到有意识的反思控制和刻意的掌握是学校学习的重要因素的学者之一。他提出了知识发展的两个要素,首先是自动无意识习得,然后是对该知识逐渐增加的主动而有意识的控制,这实质上是元认知和认知方面的不同体现。如果我们能把思考和学习的过程带到意识层面,让学生变得更爱反思,那么我们就能帮助他们控制或掌握学习。从这一观点来看,有效的学习不仅仅是对信息的操纵,而是将信息整合到现有的知识库中;它还包括引导学生注意已经被吸收的东西,理解新信息和已知知识之间的关系,理解促成有效学习的过程,以及意识到什么时候真正地学习到新的知识。它不仅涉及思考,还涉及元认知过程:思考自己的思考。

你的大脑是什么样子的?

一些 10 岁的孩子对他们大脑的运作方式进行了比喻:

我的大脑就像一片巨大的森林。它充满了奇妙的想法。但其中一些想法就像害羞的动物,它们躲在森林的深处。我想我们无法真正能够理解我们的大脑是如何运作的。(理查德)

我的大脑就像一个蚁丘,有无数微小的通道。我脑子里总有什么事。我头脑里的蚂蚁似乎从不休息。我只希望没有食蚁者!(莉)

我的大脑就像一只顽皮的小狗。它似乎从来没有做过我想让它做的事。如果我有数学作业要做,它就想看漫画或看电视。但就像小狗一样,它可以被训练。(杰玛)

一些研究人员，如弗拉维尔（Flavell）[1]，认为这种元认知能力会随着年龄的增长而变化，年龄较大的孩子可以容易地成为更成功的学习者，因为随着时间的推移，他们已经内化了更多的元认知信息。另一些人，像唐纳森（Donaldson）[2]，认为发展与其说是依赖年龄，不如说是依赖经验，我们甚至可以通过干预帮助幼儿发展一些能够实现成功学习的元认知策略。就像复利（compound interest）一样，元认知策略可以提高学习者的智力水平。那么，这些元认知策略是什么？

尼斯比特（Nisbet）和沙克史密斯（Shucksmith）[3]提出了成功学习的六种策略，其中包括：

- 提出问题
- 制订计划
- 监测
- 检查
- 修订
- 进行自我测试

这些策略虽然很有价值，但只掌握这些策略还远远不够。学习依赖"对话"，依赖通过与他人对话来理清个人的意义，提高理解力。这些对话可以是

---

[1] "元认知"这一术语是1976年由美国心理学家J.H.弗拉维尔（J.H. Flavell）提出的，指的是"个人对他的认知过程和认知策略的认识和考虑"。参见：J.H. 弗拉维尔，《认知发展》（Cognitive Development, Englewood Cliffs, NJ: Prentice Hall, 1977/1985）。

[2] M. 唐纳森（M. Donaldson），《儿童的心灵》（Children's Minds, London: Fontana, 1978）。

[3] J. 尼斯比特（J. Nisbet），J. 沙克史密斯（J. Shucksmith），《学习策略》（Learning Strategies, London: Routledge, 1986）。

内部对话，但特别有效的对话是成对或分组进行的对话，在这种情况下，学生可以探索不同的解释经验的方法，以实现互惠互利。最近的研究已经确定了一些"教学学习"的认知策略，包括"对话教学"和"合作学习"，这些策略都有助于发展元认知。儿童哲学是一个合作讨论的过程，10岁的加里说，"思考的次数和那里的人数一样多。"

对安娜来说，哲学是"当你们一起谈论它的时候，一种解决问题的方法"。解决问题是与元认知相关的一个被广泛研究的领域。这类研究的结果表明，一个普通人很少想系统地调查和解决一个问题，除非受过专门的教育训练。那么，有哪些常见的思维错误阻碍我们更有效地解决问题呢？

一些常见的思维错误

有些人认为，智力不是通过思考过程而是通过获取知识来发展的。但学习者所面临的危险之一是，德波诺所谓的"智力陷阱"（Intelligence Trap），或知识幻觉，即发现新知识的最大障碍可能在于人们相信他们知道或可以做的事情。[1] 他们被困在他们已经知道的东西中，并且不接受新的想法。一些知识渊博的学生在学习方法上非常没有智慧。他们不会产生新的想法，被老旧而熟悉的习惯所束缚。这样的学习者需要了解产生新想法的策略，也需要了解对他人的想法保持开放态度的策略。他们不仅需要成为富有创造性和批判性的思考者，还需要成为自我批评的思考者。对于比奈（Binet）[2]而言，自我批评是最重要的智力指标。对于一些人来说，哲学探究的关键好处是，它鼓励思维的自我纠正。正如9岁的萨拉所说："在哲学中，改变主意是可以

---

[1] E. 德波诺，《教学思考》（*Teaching Thinking*, Harmondsworth: Penguin, 1976）。
[2] 即法国实验心理学家、智力测验创始人阿尔弗雷德·比奈（Alfred Binet，1857—1911）。——译者注

的……有时候你就会这么做。"

自我批评能力不是天生的：它必须通过实践和教育来培养。这种教育的部分目标是帮助学生了解一些使他们的思考和学习效果降低的常见错误。

人类思维中的一个常见错误是思考过于仓促。我们容易冲动，没有花时间考虑其他的行动计划。我们不会提前思考我们决定的后果，也不会花时间回顾我们所做的事情并从中吸取经验。"想一件事不太好，"英国小说家 H. G. 韦尔斯（H. G. Wells）说，"除非你能想清楚。"我们看到，孩子们在游戏中对动作的反应很匆忙，不会顾及他人，容易做出冲动的选择。也许对问题情况最常见的反应是随机寻找解决方案。有时这会成功，但在学校的情境下，通常只有极少的解决方案，这样做出的冲动选择经常会导致失败。避免冲动就像猜想老师在想什么的游戏，花时间去考虑其他选择和方案被弗斯坦视为克服学习失败的关键策略。所有学生的座右铭应该是："停下来，思考。"哲学讨论是一种帮助克服急躁倾向的方法，它强调需要花时间自己思考事情，并思考别人在说什么。正如一个孩子表达的，"哲学……给你时间思考。"

人类思维的另一个常见错误是思维过于狭隘。英国诗人、画家威廉·布莱克（William Blake）说："现在被证实的东西曾经只是想象出来的。"我们都需要通过产生想法来扩展我们的意识，并留心其他的可能性。因为常规和习惯的力量容易使得人类的思维变得盲目。[1] 当我们依赖一种固定的思维模式，不假思索地坚持同一观点时，我们就会变得盲目。我们受限于不成熟的认知、熟悉的东西和别人走过的路。我们将选择视为 A 和 B 之间的必然选择，忽略了可能存在其他的选择和更好的方法。儿童哲学鼓励寻找创造性的选择、不同的观点和思维方式。正如一个孩子所说，"人们总是说同样的话；在哲学

---

[1] E. J. 兰格（E. J. Langer），《专念》(*Mindfulness*, New York: Addison Wesley, 1989)；E. J. 兰格，《专念学习力》(*The Power of Mindful Learning*, Reading, MA: Addison-Wesley, 1997)。

里，你可以思考不同的东西。"

人类思维的另一个缺陷是它常常缺乏焦点。当我们缺乏计划或策略时，我们的思维往往会变得模糊。如果我们不清楚我们需要追求的目标，我们就会变得混乱，忽视什么是重要的。在解决问题时，我们的思维变得随机、不连贯、混乱和模糊。哲学帮助我们把注意力集中在对人类理解至关重要的概念和问题上，例如：我是谁？什么是真的？我是怎么知道的？当一个10岁的孩子谈到他的哲学课时，他说："哲学让你思考一些重要的东西。"

哲学探究提供了一个停下来思考的机会，一个确定问题并系统而持续地寻找解决方案的机会。它也为我们提供了思考我们的思考和进行元认知对话的方法。对思考的思考不是自然产生的，而是通过实践和内化某些思维习惯而发展起来的。正是这种意识到我们自己的思维过程的能力，使得人类的学习远远超过了其他任何动物的学习。人类大脑递归地表现其内部精神状态的能力使我们最终成为诗人、哲学家、物理学家，并实现了文明生活的所有成果。帮助学生思考他们思考的一个方法是向他们介绍一个传统，这个传统的主题都是关于思维形式的——这就是哲学。哲学的一个简单定义是，它是一个关于思考的思考过程。

思考让人感到奇怪或困惑的地方有哪些？

一些9—10岁的孩子提出的一些关于思考的问题可以作为讨论的主题：

- 什么是一个想法？
- 想法来自哪里？
- 你能停止思考吗？
- 你是怎么记得事情的？

- 什么可以帮助你思考？
- 你的大脑是否与你交谈或者你是否与你的大脑交谈？
- 你能想到别人的想法吗？
- 为什么有些人在思考问题时比别人更好？
- 为什么你的大脑不以同样的方式运作？
- 你如何获得更好的大脑？

应该教什么样的思考？

传统的教学方法是否能培养出深思熟虑、学业成功的学生？有证据表明，传统的方法在教授希腊人所称的"*tekne*"方面——即知道如何做和做事情的"技术"方面——是有效的，这些是任何学习领域的初学者都要被介绍和练习的基本技能和技巧。但是，传统的方法在发展希腊人所称的"*phronesis*"——即实践智慧或智能——方面不太成功，这种更高层次的思维将技能提升到专业水平。以下引用自1895年的学校检查报告说明了学校传统教学的优点与缺点：

> 传统教学精准地实现了标准1和标准2中的工作，而且在很多方面的表现是不可思议的；同时，口试表明，孩子们并没有多大的成就。至少在这些年间，教师分配了太多的时间来教授学科的机械知识。这种没有智慧的教学导致高年级学生无法解决非常简单的问题。

在过去的50年中，通过聚焦课程开发和更加个性化的"以学生为中心"

的学习，教学和学校系统在许多方面得以改善。然而，许多研究者认为，当代中小学教育的结果令人失望。其中一个原因是，课堂上缺乏深思熟虑和认知挑战。

关于学校的官方报告也显示了对学校实践的类似批评。其中包括：

- 学生很少需要使用"高阶"思维技能，如推理、演绎、分析和评估。
- 学生没有足够的机会通过讨论和小组工作培养社会技能以及合作与交流的价值观。
- 有能力的学生得不到要求足够高的任务。

在帮助儿童学会独立思考方面，我们需要更清晰而明确的指导方针。学习思考不应该顺其自然。有证据表明，世界各地的国家课程指南越来越强调在教育中发展思维的重要性。《英国国家课程标准》（The National Curriculum for England，2000）确定了五种思维技能：信息处理、推理、探究、创造性思维和评估。当学校视察者参观教室以评估教学和学习时，他们经常寻找"批判性和创造性思维"的证据。但是，什么样的教学方法最能实现这种思考呢？

这需要的是一种与课堂实践方法相联系的批判性和创造性思维理论。这一理论要与课程目标和提高教育标准相关。[1] 这一理论需要承认思维在塑造人类情感和行为中的作用；需要培养那些能够促进道德、社会、精神和文化教育的态度和意向；需要提供一个框架，以便在最广泛的环境中发展批判性思

---

[1] 美国批判性思维运动的主要权威理查德·保罗（Richard Paul）也发出了这一呼吁。参见：理查德·保罗，《批判性思维、今天的教育现状和第 15 届国际会议的目标》（Critical Thinking, the State of Education Today, and the Goals of the 15th International, Sonoma, CA: Sonoma State University, 1995），第 9—10 页。

维、创造力和想象力；必须为推理中的普遍要素以及特定主题和背景下的要素提供支持；需要提供一个可以让学生变得更周到、更合理和更人道的程序；需要提供一个规范来示范最高阶的思维；需要提供经过检验的教学方法和材料，以使得思维教学可以在任何既定的教室或团体中进行。满足这些要求的一个综合理论和方法便是儿童哲学。

为什么是儿童哲学？

儿童哲学（Philosophy for Children，简称 P4C）[1]是一种对话教学形式，强调通过儿童与教师以及儿童与儿童之间的提问和对话来发展批判性思维和创造性思维。研究人员报告说，通过在课堂上运用儿童哲学方法使得学生在认知方面取得了显著的进步。[2]儿童哲学可以帮助提高沟通技能并培养智力行为习惯。这些智力行为习惯包括：

- 好奇——通过提问深刻而有趣的问题。
- 协作——通过参与深思熟虑的讨论。
- 批判——通过给出理由和证据。
- 创造——通过产生和建立想法。
- 关怀——通过培养自我意识和关心他人的意识。

第一，正如前面提到的孩子卡尔（Karl）所说的，哲学讨论发展了儿童

---

[1] "儿童哲学"一词是马修·李普曼提出的，他于 1974 年在蒙特克莱尔州立大学（当时的蒙特克莱尔州立学院）创立了儿童哲学促进中心。
[2] 关于在学校中开展儿童哲学活动有效性的研究证据见本书第六章"儿童哲学有用吗？"部分。

在其他课程中不可能使用的思维方式,包括哲学智能(philosophical intelligence)——对存在主义问题进行提问和追寻答案的能力。[1] 第二,哲学探究为儿童发展讨论技能——与他人进行深思熟虑的对话的能力——提供了一种手段。第三,对复杂的智力探究对象(如故事)的哲学讨论提高了批判性思维能力和口头推理能力——从各种文本中得出结论和推理的能力。第四,哲学探究有助于发展创造性思维——提出假设以及在他人观点的基础上形成自己观点的能力。第五,与儿童一起做哲学有助于发展情商——在积极的公民社会和参与式民主的基本实践中形成的自我认知和关心他人的能力。

9岁的柯斯蒂说:"在哲学课上,你会问一些在其他课上不会问的问题。"哲学之所以重要的一个原因是,它处理人类生活的基本问题,例如:

- 是什么让我成为了我?
- 我怎么能确定我知道一些事情?
- 我该怎么生活?

这些关于基本价值观和信念的问题在传统的学科课程中有被忽视的危险。哲学首先邀请我们审视我们的想法和信念。这表明我们不应该过不加思考的生活。这样做就像拥有一辆从未维修过的汽车。你可能对它的运行方式很满意,但除非它经常被检查,否则它可能会让你失望。同样地,你的信念和价值观可能是完全合理的,但除非它们被审视过,否则你不能确定它们没有错。

---

[1] 参见:罗伯特·费希尔,《哲学智能:为何哲学智慧在心智教育中如此重要》("Philosophical Intelligence: Why Philosophical Intelligence Is Important in Educating the Mind"),引自:M. 汉德(M. Hand),C. 温斯坦利(C. Winstanley)编,《学校里的哲学》(*Philosophy in Schools*, London: Continuum, 2008),第96—104页。

孩子们可以接受最不受人关注的观点，或者生活在一个不考虑任何观点的常规中。哲学鼓励孩子们超越常规思维，积极审视他们的价值观和信念。哲学让你思考，就像一个孩子说的，"即使是在你不想去思考的时候"。

哲学主要是一个探究的过程。它是一个创造性的过程，而不是强加的知识体系。它始于惊奇和孩子对世界天生的好奇。它利用问题来探求真理。它使用"为什么？""如何？""为了什么？"这样的问题去追寻对主题和核心问题的解释。以下是典型的哲学问题：

逻辑学

真是什么？这是什么意思？你能证明吗？

伦理学

什么是对与错？我们该如何生活？我们应该怎样对待他人？

认识论

什么是知识？我怎么知道？我能确定吗？

形而上学

什么是人？什么是时间？有上帝吗？

美学

什么是美？什么是艺术作品？我们应该如何评判一件艺术作品？

当思考成为自我的下意识行为时，哲学就发生了。它不仅为孩子们提供了让他们尝试对各种各样的人际、道德和社会问题达成共识的机会，而且让他们更加意识到自己是一个批判性思考者。做哲学的孩子们以一种新的方式看待自己和世界。他们可以接触到他们原本不可能想到的想法，并且开始建

立联系，从而加深理解。他们成为具有 2500 多年历史的传统的一部分。在这样做时，他们不受他人答案的约束，而是可以自由探索新的可能性和新的思维方式。他们逐渐形成了将自己视为思考者的意识，正如一个 11 岁的孩子总结的："哲学是一种训练自己成为更好的思考者的练习。"

学校里应该有哲学吗？

下面是一些孩子对是否应该在学校开设哲学课所做的一些反思：

我认为每个学校都应该教授哲学。你可以谈论各种各样的事情，这会让你在说话之前先思考。（克莱尔，9 岁）

哲学可以帮助你思考一切，并且可以给你很多表达自己的实践机会。它应该在课程中被广泛使用，它可以帮助你辩论事情。最好是在哲学俱乐部里上哲学课。婴幼儿就应该开始学哲学。什么时候开始学哲学都不会过早。（彼得，11 岁）

我认为哲学应该在中学教，因为我相信它会大大提高所有人的理解能力和逻辑能力。"爱智慧"是一种很好的跨学科联系方式。哲学可以在各个层次上教授。有些人已经在不知情的情况下开始"做"哲学了。每当他们进行讨论，并利用理由和论据得出逻辑结论时，他们都是在做哲学。"哲学"听起来可能让人望而生畏、感到与自己不相干或者已经过时，但它对所有人都有极大的帮助。（杰克，15 岁）

哲学可以帮助儿童以一个团体或班级的形式来一起思考，也可以帮助他们自己进行独立思考。儿童哲学旨在抵制未经思辨的思考、错误的判断、偏见和对观点的漠视。儿童哲学可以帮助儿童：

- 鼓励好奇心和提出问题的能力。
- 通过使用推理强化判断。
- 提高对讨论中的概念的理解。
- 培养开展合理对话和探究的能力。
- 反对偏执的、刻板的和无意识的思考。
- 考虑不同的观点并保持其合理性。
- 激发创造性思维和新的观点。

世界上越来越多的国家正在研究这种方法。来自教师和儿童的反馈令人鼓舞，新的哲学教学材料正在开发。[1] 哲学探究结合了传统的教学方法，如全班教学，以及适用于各种能力儿童的创造性智力挑战。哲学让孩子们接触复杂和抽象的思考。它可以提高课堂或家庭中的教与学的质量，使教孩子学习的教师或父母对哲学问题更加敏感，能够激发哲学探究，让孩子们参与到深思熟虑的讨论中。一位老师班上的一个 8 岁的孩子在自己的"思考本"（Thinking Book）中写道："我喜欢我的老师。她很有哲学味儿。她让我思考。"

如何成为一个"有哲学味儿"的教师？当被问到要给第一次与孩子们进行哲学讨论的教师何种建议时，儿童哲学项目的发起人马修·李普曼说道：

---

[1] 关于支持儿童哲学探究的课堂材料，请参见罗伯特·费希尔，《用于思考的故事》（Stories for Thinking, 1996）、《用于思考的诗歌》（Poems for Thinking, 1997）、《给幼儿园和小学教师的用于思考的故事》（First Stories for Thinking, 1999）、《给幼儿园和小学教师的用于思考的诗歌》（First Poems for Thinking, 2000）、《用于思考的价值观》（Values for Thinking, 2001）和《用于思考的启动物》（Starters for Thinking, 2006）；菲利普·卡姆，《用于思考的故事》（Thinking Stories, Sydney: Hale & Iremonger, 1995）；P. 克莱格霍恩（P. Cleghorn），《通过哲学思考》（Thinking through Philosophy, Blackburn: Educational Printing Services, 2002）；K. 莫里斯（K. Murris），J. 海恩斯（J. Haynes），《故事的智慧：通过图画书来思考》（Storywise: Thinking through Picture Books, Newport: DialogueWorks, 2000）；R. 萨克利夫，S. 威廉斯（S. Williams），《哲学俱乐部：思维的冒险》（The Philosophy Club: An Adventure in Thinking, Newport: DialogueWorks, 2002）。

我想告诉那位老师，你将要做一些完全不同的事情。你会感到非常不安，你会觉得你没有准备好。事实上，没有一个哲学老师觉得准备好了，不管他们的专业水平如何，因为你或多或少地在处理不可预知的事情。你正在处理那些概念不完善、问题无法解决的领域，你的工作是准备好做一些真正具有教育意义的事情。[1]

> **关于思考的思考**
>
> 以下是一些有助于反思和讨论关于思考的思考的问题：
> - 什么是好的思考？孩子们在参与好的思考时，他们在做什么？
> - 是否有适用于所有学科的通用的思维技能？
> - 哲学家尼采曾说过："学习思考就像学跳舞一样。"他在哪些地方是对的，哪些地方是错的？
> - 哲学对你来说是什么？
> - 学校里是否应该有哲学？为什么应该有或者为什么不应该有？

---

[1] 引自1994年4月7日在东安格利亚大学（University of East Anglia）举行的国际批判性思维会议上作者对马修·李普曼采访的录音。

第二章　儿童哲学

我开始想，我在大学里看到的（有关思维的）问题无法在大学里解决。思维方式是一种必须在思考习惯变得根深蒂固之前、在更早的时候便教授的东西。这样，当一个学生从高中毕业的时候，他就已经有了熟练的独立思考的习惯。

——马修·李普曼

我认为在学校应该学哲学。这样很好，因为这给你时间去思考。哲学帮助你提出问题，告诉你一个问题可以有很多答案。哲学让你觉得事出必有因。

——约翰，10岁

在教学思维方面，最成功的尝试是由美国蒙特克莱尔州立大学的马修·李普曼和他的同事发起的儿童哲学项目。该项目的目的是为从幼儿园到大学阶段的学生提供哲学探究方面的课程。目前，世界上越来越多的国家都在开展儿童哲学教学。[1]

---

[1] 儿童哲学已经被介绍到世界上30多个国家。在英国，一个名为"教育中的哲学探究与反思促进协会"的全国性组织"通过在团体中促进哲学探究，来丰富各个年龄段的人，尤其是儿童的个人和社会生活"。

李普曼认为，学校未能教会学生思考，受此启发，他创立了儿童哲学项目。在李普曼执教的哥伦比亚大学哲学课上，他觉得大学生的思考能力欠缺，体现在他们所表现出的低水平思考能力。他问："为什么4—6岁的孩子充满好奇心、创造力和兴趣，总是打破砂锅问到底，而到了18岁，他们就变得被动、不加批判，对学习感到厌倦了呢？"[1] 如果像他问的那样，教育应该是教年轻人思考，那为什么会产生这么多不去思考的人呢？

李普曼认为，娴熟、独立思考的习惯可以通过实践和培训变得深刻或内化于心，这也是他课程的核心内容。他相信，教育可以改变儿童，但要实现这一转变，教育必须把培养思考能力放在首要地位，而不是传授知识。因此，李普曼建议在课程中增加一门新的科目——哲学。

李普曼认为，孩子们带着强烈的好奇心和求知欲来到学校，但这种好奇心、学习和了解事物的冲动会逐渐消退。他认为，导致这种现象的直接原因是传统教育的影响。他说，我们必须利用好孩子带到学校的自然天赋——他们的好奇心和对意义的渴望。李普曼认为，正是由于学校未能满足这些需求，才使如此多的孩子讨厌上学。因此，他建议开设一门哲学课来教会孩子们思考，因为这样的课可以培养孩子们的推理能力，这是课程中缺失的部分，也是提高自尊和发展道德价值观的一种方式。他认为，我们所需要的是一门能够让我们在其他学科中也去思考的学科，从传统意义上讲，哲学扮演了这一角色。李普曼面临的挑战是，创造一种教学方法和课程把哲学探究带入所有各个年龄阶段的学生中。对李普曼来说，熟练的推理不仅仅是在学习过程中偶然学到的一堆智力戏法，而是通过训练有素的讨论才能学得最好。

自苏格拉底以来，对话一直被公认为是一种强有力的寻求人生最基本问

---

[1] 马修·李普曼，《儿童哲学》（"Philosophy for Children"），《思考：儿童哲学杂志》（*Thinking: The Journal of Philosophy for Children*），1982年，第3期，第37页。

题答案的方式。李普曼选择遵循这一传统，即将哲学对话引入学校课程。他赞同维果茨基的观点，认为语言提供了思考的基本工具，可以在孩子们集体协作和合作的时候发挥作用，从而让他们获得高阶思维。他和他的团队设计的"儿童哲学"项目的总体目标是通过在课堂上形成"团体探究"，从而引发哲学讨论。我们将在下一章仔细探讨"团体探究"的概念，并证明儿童哲学课程可以促进孩子推理能力、自尊心和道德判断能力的发展。

李普曼辞去了哥伦比亚大学哲学教授的职位，开始研究和开发儿童哲学课程。该课程由特别编写的故事组成并作为哲学讨论的起点（刺激物）。它包括若干篇哲学小故事并附有教师手册，供3岁至成年的所有年龄段的孩子阅读。在向儿童介绍哲学方面，儿童哲学是当前世界上应用范围最广的项目，其范围在持续扩大和发展。

什么是"儿童哲学"课程？

表2.1展示了"儿童哲学"课程的主要内容。

李普曼认为，每一部小说都有一个中心主题，即人类思维的运作模式和一个目的，可以作为智力辩论的起点刺激物。从文学意义上讲，小说的一大缺点是它们并不是优质故事，因为它们不像故事那样有趣。但是，李普曼认为，这反而是一个优势。孩子们通常阅读的书籍和故事并不包含丰富的哲学问题，也不一定会提供给孩子们以探究性思考者进行阅读的方式。许多儿童的阅读经历缺乏智力刺激，这导致了他们在阅读与思考之间脱节。孩子们会相信阅读就是跟着书里的单词走，而不是思考这些单词在故事里的意义以及对他们自己的意义。

表2.1 "儿童哲学"课程的主要内容

年龄段	儿童哲学小说	教师手册	哲学领域	教育领域
3—6岁	《玩偶医院》（Doll Hospital）	理解我的世界	形成概念	基本概念：什么是真、善、真实、美？
6—7岁	《艾菲》（Elfie）	汇聚我们的多种想法	对想法进行推理	体验各种经历
7—8岁	《克奥和嘎斯》（Kio and Gus）	对世界产生惊奇	对自然进行推理	环境教育
8—10岁	《小精灵》（Pixie）	寻找意义	对语言进行推理	语言和艺术
10—12岁	《哈里》（Harry）*	哲学探究	基本的推理技能	思维和逻辑
12—13岁	《丽莎》（Lisa）	伦理探究	伦理推理	道德教育
14—15岁	《苏姬》（Suki）	写作：如何写和为什么写	语言推理	写作和文学
16岁及以上	《马克》（Mark）	社会探究	社会研究推理	社会研究

*注：《哈里》的全称是《哈里·斯托特米尔的发现》（Harry Stottlemeier's Discovery）。

相比之下，李普曼的"哲学小说"则充满了谜题、问题和有意义的难题。它们有一个明确的教学目的——激发孩子提出问题并进行哲学讨论。哲学小说给孩子们提供了合理和深思熟虑的讨论模式。李普曼希望他的读者在讨论文本中出现的问题时能够效仿这一模式。

如何进行"儿童哲学"的教学？

儿童哲学课程或系列课程（李普曼建议每周两节一小时的课程）大致包括以下内容：阅读李普曼小说中的其中一章，然后由学生提出问题，再由小组选择主题进行讨论。教师可以用讨论计划中的问题来拓展讨论，也可以用准备好的练习来探讨某个特定的哲学问题。

以下节选自马修·李普曼《哈里·斯托特米尔的发现》，罗杰·萨克利夫对其进行了删节和改编，以作为哲学讨论的刺激物：

> **什么是心灵？你怎么知道你有一个呢？**
>
> 那天是星期五，弗兰和劳拉在吉尔家过夜。
>
> "有一首曲子一直在我的脑子里萦绕。"吉尔说。"我被这首曲子所困扰。当我想做作业或睡觉时，它就会出现。"
>
> "有时候我也会做那样的梦，"劳拉说，"我祖母病了很长时间，她去世后，我一直梦见她，我总觉得是她让我梦到她的。她已经死了，怎么会这样呢？"
>
> "死人不能对你做任何事，"弗兰说，但接着又说，"他们能吗？"
>
> 吉尔滑稽地看了弗兰一眼。"我最后一次听到我的曲子是在一周前，但它给我留下了深刻的印象。所以，劳拉祖母的去世难道没有给她留下深刻印象吗？这种深刻的感觉导致她从那时起就一直梦到祖母。"
>
> 劳拉摇了摇头。"当我看到月亮的时候，是因为月亮让我看到了它，对吧？刚才在我的心里，我听到了你的声音，因为你在对我说话。所以，我认为，我脑子里所有的想法都是由我心灵之外的东西引起的。"
>
> "这太荒唐了。"吉尔说。"这多种多样的东西只是我们凭空想象出来的，根本不可能出现在真实世界里……比如小精灵和吸血鬼。"
>
> "好吧，"劳拉说，"是的，我不相信那种事情。即便如此，还是有人在编造这些故事，给我们讲这些故事，还让我们去思考它们呢。"
>
> "劳拉，"弗兰打断她的话说道，"你一直在说你心里在想的和没在想的。但什么是'心灵'呢？你怎么知道你有一个呢？"

这个课程给老师们带来的一个问题是，李普曼的小说缺乏文学风格。这使得教师要从传统故事、图画书和其他类型的写作中寻找哲学探究的刺激物。

他们认为，某些儿童文学作品可以为智力探究提供哲学兴趣点和丰富的资源。[1]

教师们面临的另一个问题是，他们自己缺乏组织哲学讨论的培训，而且很难将哲学讨论与学校课程联系起来。在寻求解决这些问题的方法之前，我们首先需要了解儿童哲学课程是如何实施的。

一节儿童哲学课

一节典型的儿童哲学课是这样进行的：一群孩子或成年人首先围坐成一圈，教师也是其中的一员。然后，全班或小组大声朗读所选小说中的一部分。有阅读困难的学生可以选择"跳过"或不读选篇。阅读结束后，教师邀请学生回顾故事，找出他们觉得奇怪、有趣、困惑或值得讨论的内容。在课上设置思考时间，然后预留时间让大家分享出现的讨论点。教师或学生每个人基于讨论点提问一个问题并写在白板上，在问题旁写上提问者的名字。

当有足够多的主题时，教师鼓励小组抉择出要讨论的题目。一旦题目被选定，教师通常会首先邀请提出这个问题的学生分享意见。这样做的目的是为了探讨主题的哲学内涵——对文本提出疑问，探讨词语和概念的意义，阐明观点，并为观点和判断提供理由。那么，在讨论完主题之后，接下来需要做什么呢？

---

[1] 参见：罗伯特·费希尔，《用于思考的故事》（*Stories for Thinking*, 1996）；J. 海恩斯，K. 默里斯，《图画书、教学法与哲学》（*Picturebooks, Pedagogy and Philosophy*, London: Routledge，2012）。

李普曼认为，当一名哲学教师"需要明确、实用和具体的哲学教学模式"[1]。与小说配套的教师手册配有丰富的讨论计划和练习，以便拓展与故事有关的重要思想和思考技能。哲学讨论计划由围绕一个中心概念或问题的一系列问题构成。这些问题可能会引发一系列问题，这些问题要么建立在原有问题的基础之上，要么围绕着一个主题产生，这样可以从多个角度探讨这个问题。从某种意义上说，这样一系列的问题是苏格拉底式的，因为它模仿了苏格拉底在《柏拉图对话录》中所使用的那种有条理的、持续性的提问。这种有计划地使用引导问题的目的是激发学生的创造性反应，让他们更深入、更广泛、更系统地思考讨论的关键主题。

讨论计划：思考和有想法

以下内容摘自马修·李普曼和安·玛格丽特·夏普合著的《寻找意义》（*Looking for Meaning*），即与小说《小精灵》配套的教师手册中的讨论计划[2]：

（1）你是一直在思考，还是只是偶尔思考？

（2）你在睡觉时思考吗？

（3）你能不考虑某人或某事而思考吗？

（4）你用语言来思考吗？如果是的话，你会用句子来思考吗？

（5）你能在没有真正思考的情况下有想法吗？

（6）你能在没有想法的情况下思考吗？

（7）你能想到一些事情，同时不想到其他事情吗？

---

[1] 马修·李普曼，《哲学讨论计划与练习》（"Philosophical Discussion Plans and Exercises"），《批判性与创造性思维》（*Critical and Creative Thinking*），1997年，第5卷，第1期，第1—17页。

[2] 马修·李普曼，安·玛格丽特·夏普，《寻找意义：〈小精灵〉配套教学手册》（*Looking for Meaning: Instructional Manual to Accompany Pixie*, Montclair: IAPC, 1985），第4页。

（8）你能同时想到不止一个想法吗？

（9）思想能像馅饼那样被分割吗？

（10）思想可以是美的吗？

（11）思想即使不真实，也可以是美的吗？

（12）思想即使是真实的，也可以是美的吗？

（13）你想要什么：很多很多的想法，还是只是几个好想法？

（14）如果你的身体和你的年龄一样大，这是否意味着你的思想和你的年龄一样大？

（15）别人能让你去思考他们的想法吗？

给教师的温馨提示：处理以上和类似讨论计划的一种方法是，教师在教室里走动，对学生一次提问一个问题，然后依次讨论每个问题。另一种方法是，给每个人分配一个问题，给全班一段时间来反思，然后让自愿分享的学生来阐述他们的答案。

后续活动可能包括供讨论的具体问题、绘制概念图、创意写作或创作艺术作品。这些活动可由教师根据自己的意愿去改变和发展，但在最初的讨论中，他们的重点是密切关注上下文（例如，探询文本的含义）以及相关的标准（例如，考虑信念的原因）。在这样做的过程中，这个团体将发展他们的判断力和创造性思维以及一种特别的团体意识——即李普曼所称的"团体探究"。

对许多教师来说，李普曼儿童哲学课程的弱点是，其教师手册中提出的大量技能和主题似乎没有明确界定的发展进程。该课程可以用来构建推理技能的发展分类学，但这将是一个具有挑战性的任务（例如，《克奥和嘎斯》的教师手册长达 559 页！）。

练习：什么是真实的，什么只是看起来是真实的？

这个练习旨在培养对"什么是真实的"和"什么不是真实的"概念的理解，以及推理能力和团体意识：

为四张不同的桌子准备好卡片。卡片上写上这样的内容：

（1）看似真实实则不真实的事情。

（2）看似真实也确实是真实的事情。

（3）看似不真实实则真实的事情。

（4）看似不真实也确实不真实的事情。

现在，每个人都要把一件物品带到课堂上，放在这四张桌子的其中一张桌子上。以下是一些建议：

（a）一朵人造花

（b）一辆玩具汽车

（c）一本童话书

（d）一个装满水的可乐瓶

（e）一个被雕刻成猫形状的土豆

（f）一架纸飞机

（g）一张班上某个同学的照片

（h）一个小镜子

在房间里的每个人都必须轮流向另一个人给出自己的理由，说明那个人为什么要把东西放在某个特定范畴的桌子上。

——出自《寻找意义》[1]

---

[1] 马修·李普曼，安·玛格丽特·夏普，《寻找意义：〈小精灵〉配套教学手册》(Montclair: IAPC, 1985)，第4页。

概念的发展

这个练习的目的之一，也是所有哲学的核心，即概念的发展。帮助孩子们形成一个概念的方法是绘制术语的边界。通过对术语及其同义词进行分组，得到的术语集将有助于确定概念的边界。例如，通过构建三个同心圆（如图2.1所示）或圆圈重叠的文恩图，我们可以将同义词和反义词放在外层圆中，将可能有问题、有矛盾或有争议的词放在中间边界中。对于年幼的孩子，我们可以给他们需要分类的概念。大一点的孩子可以通过头脑风暴对术语概念进行分类和讨论。这样的练习有助于培养多项技能，例如：

- 概念定义
- 进行分类
- 生成其他备选项
- 区分程度和种类的差异
- 给出支持观点的理由或证据

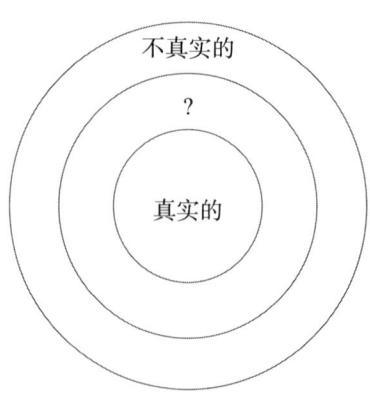

图 2.1　概念图：真实的与不真实的

这样的练习可以激发对概念、词义和定义的讨论，特别是在小组活动的情况下。仅次于核心探究过程的是，对于问题的哲学讨论和学生自己提出的问题。"我喜欢哲学的原因，"9岁的格雷格说，"是因为我们可以选择谈论的内容，这在其他任何课上都不会发生。"

一次哲学讨论

对马修·李普曼《哈里·斯托特米尔的发现》的某个章节的阅读，引发了下面这段与一群11岁孩子的对话。在阅读后提出的几个问题中，孩子们选择了其中一个进行讨论：

> **你的大脑和你的心灵一样吗？**
>
> 作者：你的大脑和你的心灵一样吗？让我们看看我们是否能更深入地理解这一点。汤姆，你为什么问这个问题？
>
> 汤姆：嗯，我的意思是，你的大脑控制你的心脏、手臂和身体里发生的一切。但是，你的心灵真的会说"好的，我要向左移动"吗？还有，你认为是这样的吗，比如，"好的，大脑向肌肉发送信息让肌肉动起来"？
>
> 作者：所以你的意思是，因为大脑接收到心灵没有意识到的信息，这意味着心灵和大脑是不同的？
>
> 汤姆：是的，它和大脑不一样，因为……它是大脑的一部分，而不是大脑。
>
> （这个古老的哲学问题引发了孩子们的许多评论。他们或同意或不同意，或给出建议或在他人观点的基础上提出自己的想法……）
>
> 马克：我想我同意汤姆的观点，你的心灵是大脑的一部分。但是……如果你想把一个放进另一个，你得把心灵放进大脑里。

作者：所以如果心灵在大脑里……

汤姆：或者在里面的某一部分……

作者：某一部分。你认为心灵和大脑有什么不同？如果它不是和大脑一样，那一定是不同的，难道不是吗？

汤姆：嗯，大脑控制着我们的一切，心灵也是。但是，心灵只控制我们的思想……并包含着我们的思想。

杰米：记忆……

汤姆：我认为心灵是由记忆和思想组成的……它是一个想法库。

作者：那么心灵和大脑是一样的，只是大脑比心灵大，还是大脑和心灵不同？

梅拉妮：不同。

伊莎贝尔：是的。

梅拉妮：因为心灵什么也控制不了……心灵只是在思考。

卡米拉：我认为心灵产生我们的想法而不是控制我们的身体。我的意思是，我们的大脑每时每刻都在向我们身体的各部位发送信息，传递给神经和每一部分，或者它们在向大脑发送信息。但我想心灵没有参与这个过程，我想心灵里只有你的想法。

杰米：和记忆。

（讨论继续到人死后会发生什么……）

保罗：我认为当你的大脑死亡时，就像机器关机一样，你的身体也会关机。我想你的心灵不会继续运行。身体所有的系统都瘫痪了，而你的心灵必须依靠你的大脑工作。所以，我认为，如果你的大脑关机了，你的心灵就不会继续工作了。

（孩子们继续讨论当你做梦时心灵里发生了什么，然后被鼓励去思考如何给心灵打比方……）

作者：有人说心灵有点像大脑里的烟雾，是一种奇怪的幽灵。你同意这种说法吗？

吉米：我同意这种说法。

作者：如果它像一个奇怪的幽灵，那么它能生活在大脑之外吗？

玛丽亚：不像个幽灵。

杰米：心灵不是那样的……这样的比喻不太好。

作者：这不是描述心灵的好方法吗？很多人都在思考把心灵比作什么。为了更好地理解它，我们必须把它比作别的东西。你认为心灵是什么样的？

彼得：心灵就像一个大仓库……有的东西放在你记忆的后面架子上……有的东西在你的思想里运转。

吉米：是啊。

作者：那么仓库的一部分叫作心灵？活跃的那部分……

汤姆：不，你的心灵才是仓库。

（关于心灵如何像一个仓库的讨论还在继续……）

作者：如果心灵就像一个仓库，那么大脑是什么样的呢？你能做一个比喻吗？

玛丽亚：大脑就像……一个……蜂巢。

彼得：应该是像一个码头……包含许多不同的仓库，用于做不同的事情。

马克：像一个蚂蚁窝！

（这个话题以让孩子们给出一个"最后的总结"来结束，并给他们机会总结自己的想法……）

作者：所以，如果我们回到汤姆的问题——"你的心灵和大脑一样吗？"——我们现在可以想出一个更好的答案了吗？

汤姆：是的。

作者：汤姆，你现在如何总结你的答案？

> 汤姆：你的大脑就像一个码头，你的心灵就像一个仓库，里面装着你所有的记忆和想法，放在很多不同的架子上……你的大脑围绕码头向四周和对岸发出不同的信息。[1]

与孩子们的哲学讨论基于以下几个假设：

- 孩子们天生就有好奇心，喜欢思考各种奇思妙想，而这些想法可能是许多成年人早已忘记的。
- 这样的讨论可以帮助孩子感知、建构和解释他们的世界，帮助他们理解自己和世界。
- 成年人通过帮助孩子以哲学的方式讨论他们的问题来促进哲学探究。

这种哲学讨论不仅对孩子们有益，也可以被视为让他们获得他们知识遗产的重要部分。

"儿童哲学"培养了什么样的思维？

在李普曼看来，儿童哲学旨在提高三种思维能力——批判性思维、创造性思维和关怀性思维。他说，这些不同的思维方式与不同的判断力表达方式相联系，即希腊的真、美、善理念，与亚里士多德的探究划分相关，也与具有不同认知目标的哲学的不同分支相联系，如表2.2所示。

---

[1] 罗伯特·费希尔，《教孩子学会思考》（2005），第2版。

表2.2　哲学探究的划分

	真	美	善
思维模式	批判性思维	创造性思维	关怀性思维
判断方式	说好话	做美事	做善事
哲学探究的划分（亚里士多德）	理论科学	生产科学	实用科学
哲学分支	认识论	美学	伦理学
认知目标（布鲁姆）	分析能力	综合能力	评价能力

李普曼将儿童哲学定义为"应用于教育的哲学，目的是培养学生更好的推理能力和判断能力"。[1] "儿童哲学"是一种应用哲学，但是，这并不是一个用哲学家的思想来解释和解决普通人所面临的问题的课程。设置此课程的目的是为让学生学会进行哲学性思辨，并能自主地实践哲学。由于没有传统哲学的名称、日期和技术词汇，孩子们可以自由地思考与他们自己的思想和兴趣有关的哲学和哲学实践。我们的目的是帮助孩子们从重复日常转向反思日常，从不加思考转向深思熟虑，从日常性思考转向批判性思考。

这种思维的进步可以被看作一种从无意识到有意识的思维的转变，从平常性思维到批判性思维的转变，从事物表面到深入内部的转变，从苏格拉底所说的"未经审视的生活"（柏拉图，《申辩篇》）到一种观点和主张需要通过理由来支撑的经过审视的生活。

表2.3是一些日常思维和批判性思维要素之间的对比。

---

[1] 马修·李普曼，《教育中的思考》(*Thinking in Education*, Cambridge: Cambridge University Press, 2003)，第2版，第112页。

表2.3　日常思维和批判性思维要素

思维的要素	
日常思维	批判性思维
猜测	估量
偏向	评估
假设	证明
关联/列表	分类
接受	假设
判断	分析
推断	推理

美国哲学家查尔斯·桑德斯·皮尔士（Charles Sanders Peirce）和约翰·杜威的著作为李普曼的儿童哲学方法提供了重要的理论基础。皮尔士提出了"团体探究"的概念。他的意思是，科学的进步取决于一个大思想团体的共同探索，这个团体的力量超越了个体思考者的能力，最终也超越了时间和地点的界限。

在杜威的著作中，李普曼发现了一种哲学讨论教学法，可以帮助教师将课堂转变成探究团体。这部分是源于杜威坚持"学习来自对经验的反思"的思想。李普曼想让孩子们体验成为哲学家的感觉，在课堂上支持他们在团体中进行哲学思考。对于杜威来说，经验不仅仅是做事情，还包括进行积极的反思。从经验中学习应该包括学生自身带到课堂上来的经验，以及他们在课堂上获得的富有想象力和反思性思维的经验。

杜威将反思性思维定义为：

……根据支持它的理由和它所趋向的进一步结论，对任何信念或假定的知识进行积极、持续和仔细的思考……它是一种有意识和积极自愿的努力，以将信念建立在坚定的理由基础上。[1]

在这里，杜威似乎是在描述一种持续不断的探究行为，这种行为会形成一种朝向深思熟虑判断的有秩序的思维。对杜威来说，反思性思维是一个过程，在这个过程中，我们检验我们信念的依据和结果，以便研究一个知识尚不完善的领域或解决一个问题。生活是一个解决问题的过程。在生活的许多方面，我们都会遇到难题、面临困难、遭遇令我们进退两难的困境，或遇到令我们烦恼的问题，与此同时，对事件的意义和报道会变得模棱两可，让人疑惑。当我们感到迷惑不解、混乱复杂、难以理解或无法确定的时候，我们就需要进行反思。这意味着我们需要一个计划、一个解释或者某种判断。我们去寻找原因，收集事实，寻找证据，并根据我们所掌握的线索进行推断。对杜威来说，常规思维意味着我们会得出相同的答案，但反思性思维促使我们探寻新的答案。

批判性思维

> 只要你用心去找，你就会发现，每件事都事出有因。
>
> ——一个孩子，11 岁

批判性思维是用推理来检验你的信念和行为的正确性。它帮助我们判断一个说法是否总是正确的，还是说有时是正确的，抑或部分是正确的，甚至完全是错误的。在西方思想中，批判性思维的传统可以追溯到古希腊时期的

---

[1] 约翰·杜威，《我们如何思维》（*How We Think*, 1909/1933），第 6 页。

苏格拉底方法，而在东方，则可以追溯到提倡逻辑推理和自由探究的佛教文本，比如《羯腊摩经》(*Kalama Sutta*)。尽管教育学者对批判性思维的确切含义存在争议，但他们一致认为，批判性思维有助于年轻人深入了解学习的问题本质，以及将他们读到、看到和听到的内容进行批判性探究。批判性思维是通过对话发展起来的，对话要求孩子们给出理由，探究证据，做出合理的判断。正如15岁的丹尼所说，"这就是努力在一个不合逻辑的世界里保持逻辑性"（如表2.4所示）。

表2.4　促进批判性思维的问题

批判性思维	对话式问题
做出合理的评估	造成……的原因？
根据证据做出选择	什么样的证据支持……的观点？
提出批判性问题	可以提出……问题？
为论点辩护	你认为……的理由是？

杜威的反思性思维观影响了众多卓越的批判性思维理论家。例如，批判性思维运动的先驱罗伯特·恩尼斯（Robert Ennis）说："批判性思维是合理的、反思的思维，它决定应该相信什么或做什么。"哈维·西格尔（Harvey Siegel）则用一种更简单的方式定义批判性思维，他说："做一个批判性思考者就是被理由所打动。"[1] 对于任何属于批判性思维和课堂上的哲学实践的事物，推理似乎都是这个概念的核心。正如10岁的拉吉夫所说："在哲学中，你必须为你所说的每件事给出理由，这样你就能更好地给出理由。"

批判性思维和判断的问题在于，它们既有积极的一面，也有消极的一面。

---

[1] H. 西格尔，《教育理性：理性、批判性思维与教育》（1988），第32页；罗伯特·恩尼斯，S. 诺里斯（S. Norris），《评估批判性思维》（*Evaluating Critical Thinking*, Pacific Grove, CA: Critical Thinking Press, 1989）。

一个人也许善于思考、善于判断，但他可能会是一个自私的人。保罗[1]提出了批判性思维的两种定义：一种是"弱"批判性思维，即思维技巧娴熟但自私，以追求自我中心为目的；另一种是"强"批判性思维，即推理是为了达到公正。"弱"批判性思考者倾向于追求"一元思维"，即只从一个角度或在一个参照框架内思考。这些思考者有选择地运用他们的智力技能，利用论据为个人和既得利益服务。他们能够用推理来为任何观点辩护。许多政治家就是这种"弱"批判性思考者的例子。相比之下，"强"批判性思考者能够开展"多逻辑思维"。保罗的意思是，这类思考者可以从不止一个角度看待问题，思考问题时考虑他人的反应并坚持自己的智力标准。批判性思维在这一观点中体现了许多价值观和态度，它反对教条主义和灌输，允许知识分子持不同意见，鼓励反思性提问，努力实现公正的思想和理智上的诚实。它对于自我批评和自我纠正持开放态度。用10岁的伊莱恩的话说："哲学让你改变主意。"

不具备批判性思维是有显著识别特征的，比如，不思考，不质疑，不懂分辨，无组织纪律，不参考理由、证据或标准，基于未证实的假设做论断等。然而，想要识别反思性思维并不容易。彼得斯（Peters）谈到了发展"理性激情"的必要性，这对防止我们的智力成为我们以自我为中心的情感的工具是必要的。而麦克佩克（McPeck）则谈到了发展"有根据的怀疑主义"的必要性，以防范消费者社会中的虚假主张和隐藏的劝说。[2]

作为一个批判性的思考者，也许与其所掌握的技能有关。路德维希·维

---

[1] R. 保罗（R. Paul），《批判性思维：如何让学生为应对一个快速变化的世界做好准备》（*Critical Thinking: How to Prepare Students for a Rapidly Changing World*, Santa Rosa, CA: Foundation for Critical Thinking, 1993）。

[2] R.S. 彼得斯（R. S. Peters），《理性与激情》（"Reason and Passion"），载于：R.F. 迪尔登（R. F. Dearden），P. H. 赫斯特（P. H. Hirst），R.S. 彼得斯编，《教育与理性发展》（*Education and the Development of Reason*, London: Routledge and Kegan Paul, 1972）；J. E. 麦克佩克（J. E. McPeck），《批判性思维教学：对话与辩证法》（*Teaching Critical Thinking: Dialogue and Dialectic*, London: Routledge, 1990）。

特根斯坦（Ludwig Wittgenstein）在回应这一点时写道："我希望自己是一个更好的人，有一个更好的心灵：两者真的是一样的。"一个优秀的思考者在运用他自己的思维能力时是具有反思性的，他积极回应他人的思考。在这种意义上，反思性思维将理性和同理心结合在一起，这与李普曼所谓的"关怀性思维"——思维与情感的联系——非常相似。

创造性思维

> 除非你想到新的想法，否则你总会被旧观念所困。
>
> ——加雷思，14岁

如果一个对话让学生产生和拓展想法，提出假设，运用想象力，表达新的或富有创意的想法，那么这个对话就是创造性的。促进创造力的课堂是一个充满疑问的课堂。在这个课堂上，教师和学生重视多样性，问一些不寻常的问题，建立新的联系，并且以视觉、身体和言语等不同的方式表达想法。师生一起尝试新的方法去解决问题，批判性地评估新的想法和行动。教师应尝试着在你教授的课程中加入进行创造性对话的机会，鼓励孩子通过提出对话式的问题进行创造性思考（如表2.5所示）。

表2.5　激发创造性思维的问题

创造性思维	对话式问题
运用想象力	可能是什么……？
生成假设、想法和结果	什么是可能的（主意/方法/解决办法）……？
培养创造性的技能或技巧	你能用什么方法来……？
评估自己或他人的新想法	谁有新想法？/这是个好主意吗？

创造性对话不能任其发展，它必须得到重视、鼓励和期待，并被视为良好教与学的必要条件。改善儿童教育的关键要素之一是提高儿童与教师或照料者之间对话的质量和创造性。研究表明，儿童早期的优秀表现包括："成人与儿童进行'持续的共同思考'和开放式提问，以拓展儿童的思维。"[1] 创造性对话应该成为学校每一节课的特色，也应该成为孩子们在家日常生活的一部分。

个性化学习和创造性的核心是通过思考、交谈和创造性活动进行自我表达。正如8岁的彼得所说："一个好老师会对你的想法和行为感兴趣。"谈话是了解孩子们在想什么、感受什么或学习什么的最有效的方式。我们通过思考与自己交流，通过对话与他人交流，从而发现什么使我们成为独立的个体。正如9岁的玛丽亚所说："仅仅在自己的想法里转来转去是不够的，你需要让别人告诉你他们的想法，或者你怎样才能得到更多的想法。"

关怀性思维：同理心的表达

团体探究创造了体现平等权利的条件。它的特点是马修·李普曼所说的"关怀性"思维。关怀性思维包括学会与他人合作，以及培养对他人的同理心和尊重。以下问题显示出了关怀性思维：

- 他人的所思所感是怎样的？
- 我能理解他人的所思所感吗？

---

[1] "英国公共政策、实践信息及其协调中心"（The Evidence for Policy and Practice Information and Co-ordinating Centre，简称 EPPI），《学前教育的有效实施》（The Effective Provision of Pre-School Education，2003），项目论文10《基础阶段实践的强化案例研究》（"Intensive Case Studies of Practice across the Foundation Stage"）。

- 我能从他人的所思所感中学习什么吗?

参与一个团体探究活动可以帮助孩子发展个人品质,例如,需要倾听和尊重他人,自信地说出自己的想法,挑战他人和改变他们的观点。它发展并强化了美国心理学家丹尼尔·戈尔曼(Daniel Goleman)所说的"情商",即理解自己和他人情感的能力。研究表明,和受智力其他方面的影响一样,一个年轻人的生活也受到情商的影响。[1] 情商包括:

- 自我意识——知道自己的感受以及感受对工作的影响,对自己的能力有一个清楚的认知。
- 自我调节——管理情绪,使之更有助于完成手头的任务,认真负责。
- 适应力强——持续的动力,在挫折面前坚持到底,努力提升自己。
- 同理心——感知他人的感受,并在与他们打交道时运用这些信息,能够与广泛的人群建立融洽的关系。

组织讨论的教师或引导者应该树立关心团体每一个成员的原则。在《会饮篇》(*The Symposium*)中,苏格拉底指出,每个人的灵魂都孕育着产生思想和观念的需要,但要传递这些想法需要一定的帮助。苏格拉底将帮助观点诞生的过程描述为"接生术",意思是"精神助产士"。用苏格拉底的话来说,在一个探究团体中,引导者的角色是观点的助产士。如果对话是为了协助观点的表达,就需要以"合理"的关系和对他人权利的关怀来支配对话。团体探究通过让探究参与者同意对话的基本规则来保障接生术原则。下面讨论建

---

[1] D. 戈尔曼(D. Goleman),《情商:为什么情商比智商更重要》(*Emotional Intelligence: Why It Can Matter More Than IQ*, London: Bloomsbury, 1996)。

立这些基本规则的方法。

仔细倾听别人所说的话（更多关于积极倾听的信息请见第六章）和留出"思考时间"也能显示出你的关心。将思考时间（或"等待时间"）增加3～5秒可以使对话发生重大变化，比如，学生的回答变长，更多的学生愿意回答，学生愿意问更多的问题，学生的回答变得更有思想和创造性。思考时间包括两个方面——在提出问题之后和给出答案之后：

- 让学生有时间思考更深思熟虑的答案。
- 教师思考几秒钟之后，再对学生的答案做出答复。

允许学生保持沉默是教师有意为之的行为，目的是鼓励学生做出更深思熟虑的回答。

一些教师会给学生提供学习记录、日志或"思考本"，以给他们提供另一个来展示他们思考的空间，并帮助他们通过写作来促进反思。

这些能力是通过对话和相互关怀得到发展的。正如李普曼所主张的，关怀性对话应该以双方都同意的基本规则为基础，以"合理"的关系为基础，以对他人权利的关心为基础。

团体探究为促进情感参与和自我表达创造了条件，学生彼此之间可以在探究中建立联系和关系，这创造了德国哲学家哈贝马斯（Habermas）所说的"理想的言说情境"（ideal speech situation），它也创造了对他人产生意识和新感觉的条件。如果孩子能以最佳的方式进行推理、解释和讨论，他就能更好地理解、提炼和控制自己的情感。在团体探究中进行讨论要求小组成员培养信任和合作的能力，并尊重他人的意见。他们由此可以深入了解知识的问题性质，以及发展对他们所读、所见、所听内容进行批判性探究的需求。通过这个过程，学生发展了他们作为思考者和学习者的自尊。

李普曼和他在儿童哲学促进中心的合作研究者将儿童哲学发展的思维技能分为以下几类。在这里，我给出我自己对每一类做的简短总结。

- 形成概念技能。这包括通过定义、分类以及扩展概念链接和框架来发展概念性理解，并由以下问题引导：我们是怎么想的？我们知道什么？这是什么意思？
- 探究技能。这包括在一个探究团体中寻求问题和探索问题，学习如何观察、描述和提问，并由以下问题引导：我们想知道什么？我们如何找到答案？
- 推理技能。这些技能包括逻辑和论证技能、演绎和归纳推理（批判性思维）技能，并由以下问题引导：我们如何知道？这是真的吗？
- 解译技能。这包括理解、解释和沟通自己或他人想法的含义，并由以下问题引导：我们如何解释它或将它用语言表达出来？如何进行沟通？

只有技能是不够的，李普曼认为，要使这些技能发挥作用，必须加上使用它们的倾向。这包括三种态度或倾向，而儿童哲学的目标正是培养这些态度或倾向。

- 批判性倾向。这是一种独立思考、寻找理由、用标准来判断、质疑和挑战任何给定的想法的态度，并由以下问题引导：我们如何知道它是真的？原因和证据是什么？我是怎么想的？

- 创造性倾向。这是一种重视寻找新想法、新假设、新观点和新解决方案的态度，并由以下问题引导：还有哪些其他想法？另外的假设或观点是什么？
- 合作性倾向。这包括学习在团体探究中与他人合作，建立自尊、同理心并尊重他人，并由以下问题引导：别人是怎么想的？谁同意或不同意？

哲学家康德（Kant）认为，形式逻辑和数学的理性是先验的，在语言形成之前就已经存在。但他也认为理性的抽象不足以保证知识，判断是理解它们的必要条件。仅仅知道诸如"不可偷窃"之类的规则是不够的，还需要不断的判断行为来理解这些规则（什么是"偷窃"？）。对康德来说，判断是一种特殊的才能，它只能被实践，而不能像知识那样被传授。它是通过康德所谓的"探究法"来实现的。对于学生来说，这应该包括"学习哲学思辨"。[1] 这种康德式的判断观，可以用他那句名言来概括："没有概念的知觉是空洞的，没有知觉的概念是盲目的"，而这就是李普曼方法的基础。对于李普曼来说，儿童哲学的一个核心目标是"强化判断力"。这与希腊的"实践智慧"（*phronesis*）概念相一致。他谈到"提升"判断力、"发展"判断力和"运用"判断力，仿佛这是一种可识别的能力或思维要素。他认为，在强化我的判断的同时，我也在强化自己作为一个人的能力。李普曼认为，必须在思想和行动之间、在推理和情境之间、在纯粹的智慧和应用智慧之间建立必要的联系。本质上，判断力与批判性评价有关（在布鲁姆的思维技能分类中处于最高层

---

[1] A. 科森蒂诺（A. Cosentino），《康德与教学法》（"Kant and the Pedagogy of Teaching"），《思考：儿童哲学杂志》，1994年，第12卷，第1期，第23页。

次[1]）。在谈到形成合理的判断时，我们不仅要注重对论据的判断，而且要鼓励批判性的自我评价。判断或评价应以理由为依据，并随时接受质疑或挑战。正如一个孩子在讨论天使存在的可能性时所说："我可能是对的。我想我是对的。但我可能也是错的。"

课堂讨论中的思考与推理

以下节选自英国基督公学（Christ's Hospital School）哲学课上12—13岁学生的讨论。他们使用李普曼的小说《哈里·斯托特米尔的发现》作为讨论的刺激物，并使用注释（括号中）来展示促进讨论的一些思考、推理和论述元素（关于评价小组讨论的更多方法请参见附录5）。[2]

世界上有最有趣的东西吗？

（小组选择讨论的问题）

尼克：嗯，我认为选择世界上最有趣的事情可能是一个非常艰巨的任务，因为有太多我们不知道的事情。不同的人有不同的意见，实际上，我认为这是不可能的。这就是为什么我要额外地加上一点：世界上真的可能有最有趣的事情吗？我想邀请马克来回答。（通过解释来推理，质疑一个假设，并提名另一位同学来合作。）

马克：嗯，我认为不可能真的找到世界上最有趣的事情，因为这完全是个人

---

[1] B. 布鲁姆（B.Bloom），M. D. 恩格尔哈特（M. D. Englehatt），E. J. 弗斯特（E. J.Furst），W. H. 希尔（W. H. Hill），D. R. 克拉斯沃尔（D. R. Krathwohl），《教育目标分类（第一卷）：认知领域》（*Taxonomy of Educational Objectives, Vol 1: Cognitive Domain*, New York: McKay, 1956）。

[2] 我要感谢罗杰·萨克利夫为我们提供了这个课堂讨论的例子。

偏好的问题。真的，这是关于个人的，关乎他们觉得有趣的是什么。（推理，给出理由。）

凯特：我认为这是可能的，只要你只为自己做决定。但是如果你想为一群人做决定，我就不这么认为了。（延伸讨论，质疑普遍认同的问题。）

埃玛：我同意这是关于个人偏好的观点，我的意思是，如果有一群人，他们都信仰同一种宗教，或者他们一起做同一件事，那么他们可能会对这个问题有一致的看法。比如，这群人大概 20 个人左右吧。他们会一致同意某件事是最有趣的。（扩展讨论，做出假设，给出一个例子。）

促进者：我们要不问问凯特这个问题，问她是否同意这一观点？（提问，合作，扩展讨论。）

凯特：嗯，我想他们可能会在最重要的事情上达成一致，但我不知道他们是否能在最有趣的事情上达成一致。（通过区分来反驳/限定。）

马修：我同意这取决于个人喜好，但即便如此，对你来说，这是不是世界上最有趣的事情呢？我的意思，你需要一个"有趣"的直接定义。（合作，提问，提出定义的诉求。）

促进者：好的，谁能马上回答这个问题？这确实是个棘手的问题……尼克，你想继续回答这个问题吗？（提问，组织/合作。）

尼克：我试试。我认为有趣的是，最有趣的是最能吸引你个人注意力的事情……但这是值得怀疑的。（延伸，给出定义，判断。）

促进者：回到这个话题上来。马修，你先来回答，然后提名一个人再来回答，可以吗？（组织/合作。）

马修：好，也许可以。你能让你发现的最吸引你注意力的东西成为世界上最有趣的东西吗？因为没有人看到、听到或做过这件事情。所以我的意思是，除非你在谈论他们自己的世界，他们所了解的世界，这才可能会让他们觉得这是世界上最有趣的事情。（推理，解释，通过提出可能的反对意见来反驳。）

达米恩：我想，就像他说的，在你自己的世界里。这很好。我认为如果我们能够在某种程度上定义"世界"，无论你是把它与整个世界联系起来，还是你把它与特定的人所拥有的知识联系起来。这才可能会有所帮助。（合作，通过解释定义来推理。）

促进者：我看到有人点头了。我们能就此达成一致吗？对于这一点，有人还想发表观点吗？我们接受马修的观点，然后看看能否达成一致。（合作，质疑，组织。）

马修：我认为，如果你说的是世界上最有趣的事情，那你说的就是书中描述的事情。我认为，这是世界上最有趣的事情，也就是地球上最有趣的事情。（通过举例来扩展，通过解释和定义来推理。）

促进者：在全世界范围内。有人不同意吗？（反馈，组织/质疑。）

马修：我想这就是书里说的。（扩展。）

促进者：是的，好的……尼克？萨莉，你来说一下。（合作/组织。）

萨莉：我想兴趣是……最有趣的事情。就是你只是需要……我想，你不能说世界上有一件最有趣的事。因为即使是对我来说也不能！我想不出世界上对我来说最有趣的事情是什么。这需要很长时间来考虑。我想我不能得出一个结论。你知道，可能有一些东西比其他东西更吸引人。我的意思是，我认为没有一个是最有趣的。（通过概括、假设和比较其他答案来反驳、推理。）

促进者：好的。现在，我们需要一个"总结"的环节，但让我们试着用它作为下一节课讨论的起点。所以，如果你对我们已经讨论过的内容还有什么要说的请举手，然后……对……首先是汉娜，然后是艾玛。（组织/合作。）

汉娜：我认为有趣的是，我认为没有人能……我想可能有一些科学家试图找到答案，但我不认为他们成功找到答案过……我认为这是一种思考。你不能明确地定义它，你知道，你不能定义你在寻找什么。所以我认为你可以，如果你真的尝试，你可能会发现你的世界中最有趣的东西，但不是在大千世界中。（通过寻求定义、可能的解释来推理。）

埃玛：我只是想继续谈谈这是一个什么样的世界，而他们谈论的是你个人的知识世界。但是你心目中的世界是什么样的呢？如果你去工作，当你回来的时候，你会有一个不同的世界，一个不同的环境，这是两码事。（通过比较/做出区分来扩展、提问和推理。）

黛安娜：对，我的意思是，我只是想说，因为如果我走到我的科学老师面前说："老师，你认为世界上最有趣的事情是什么？"他可能会说："科学。"所以这要看你的职业是什么，或者别的什么。兽医可能会说动物和它们的身体以及它们思考的方式和一切。（通过举例来扩展，通过解释、比较和概括来推理。）

安妮：当然，你自己的世界就是你的整个世界。虽然，你对自己的世界一无所知，但那就是你作为一个人的整个世界。（通过联系来扩展。）

丹尼尔：嗯，我认为就你最喜欢什么而言，你可以得出一个结论，因为你可以说，"哦，我最喜欢游泳，这比其他任何事情都更吸引我。"但是，就整个世界而言，我认为你不能。（反驳/限定，通过证明和说明一个标准来推理。）

汤姆：我认为，当你说到有趣，有时你可能会说这是一种感觉，当你觉得这很有趣，你想了解它，或者你可以说，最有趣的事情是你想做的事情，或者是做某件事情让你感觉良好，让你觉得这是最有趣的事情。这是两种不同的方式。同样，在世界上，或许当说世界上最有趣的事情，说的不是你的世界，所以你无法定义它。因为每个人都有不同的意见，也可能引起争吵。你知道，如果你想说，"我认为这是最好的……""不，不，这是最好的。"（限定，评估论点，假设，对观点进行判断。）

马修：埃玛说有一个不同的世界，但当然了，或者无论你去哪里，它肯定是你自己的……这仍然是你自己的个人世界。我认为，如果我们把"世界"作为一个集合名词，你所有的经历、你的哲学，这可能是个好词，我不认为这是一个完全不同的世界。我的意思是，你仍然可以说，"哦，好吧，这就是机器工作的方式，它比我早上烤面包的方式更有趣。"我仍然认为这将是你的整个世界。（反击，通过解释和论证来推理，打比方。）

> 尼克：我想回顾一下中世纪的情况，当时英国有数百个小村庄，除了乡村生活、打扫卫生和照顾老人之外，村民们什么都不知道，或者说几乎一无所知。他们不会对外国的土地或动物有模糊的了解，除非有信使介绍。（扩展，通过解释来推理。）
>
> 尼克：回到埃玛之前说的话，她说，人们在他们认为的最有趣的事情上无法达成一致。但是，如果你是板球队的，他们认为，哦，是的，这是非常有趣的，我很享受，这对我来说非常重要。他们可能同意板球是世界上最重要的事情。（叙述，扩展讨论，推理——举例证明。）
>
> 汤姆：如果你让一个人来定义他们所处的特定世界是什么样子的，对有工作的成年人或中年人来说会容易得多，比如奥林匹克运动员，对他来说定义田径运动会容易得多。但是，对于一个在学校的孩子来说，你的生活中有很多不同的事情。这将是非常困难的，如果你想到一个，你一定会马上想到另一个更重要的。而且很难定义什么是更有趣的东西。东西之间并没有很大的差距。（提出假设，评估因素，确定定义问题。）
>
> 鲁珀特：我只是想对黛安娜说几句。你怎么知道你的科学老师会说科学是世界上最重要或最有趣的事情呢？他可能有不同的观点。关于兽医，我不认为兽医只是与动物的工作有关。我不认为……他可能，可能只是为了钱去获得一个好的、值得拥有的生活。（回应，反驳——用反论点提出反对意见。）
>
> 凯特：我认为你可以定义出更重要、更有趣的事情，但我不认为你可以定义出最重要、最有趣的事情。（通过注意程度的差异来反驳、扩展。）
>
> 柯尔斯滕：当每个人都不一样的时候，世界上怎么会只有一件最重要的事情呢？（扩展，质疑。）

正如上面的例子所示，儿童哲学所提供的是一种通过刺激物的刺激来发展各种推理技能的方法。如果团体探究的问题是他们自己关注的问题，它就既可以让孩子们进行普遍性论证，也可以让他们表达个人经验。在这种程度上，讨论既可以是严谨的（通过诉诸理性），也可以是开放的（通过创造性地探索观点），同时也提供了一个可以平等地听取各种观点的空间，包括男性和女性的观点，以及文化和文化批评的观点。

正如这个例子所表明的，有效的哲学讨论需要应用推理、进行反思并承担责任（即道德责任，体现在一个探究团体合作工作的态度和性格特点上）。保罗说，正是这些道德倾向在"强烈意义上"塑造了批判性思考者的特征，也是李普曼所说的关怀性思维的特征。下一章，我们将探讨探究团体如何促进道德教育。我们还需要考虑老师们最常问的问题——团体探究有用吗？

第六章的研究表明，儿童哲学可以成功地发展阅读能力、语言推理能力和其他技能。它的方法和材料已经被开发出来，后面的章节将会给予说明，因此它现在已经不仅仅是一个发展思维的项目，而是创建一个"思维学校"或团体的基础。

在美国蒙特克莱尔州立大学举行的儿童哲学国际研讨会上，一位加拿大的教师说："儿童哲学与其说是一个课程，不如说是一个儿童的愿景。"这是一种超越阅读和语言推理测试结果的愿景，延伸到实现儿童作为人的能力——道德、社会、文化和精神——在教室或团体的社会环境中得以实现。10岁的桑德普说："哲学帮助你成为一个更好的人。"这种方法的道德情景是团体探究。下面我们将研究这种方法，看看团体探究是什么，它是如何进行的，为什么老师们称它为儿童哲学的"核心"和"成功的秘诀"？

儿童哲学

以下是一些有助于反思和讨论儿童哲学的问题：

- 儿童哲学建立在儿童天生的好奇心之上。是否如李普曼所说，随着孩子年龄的增长，"好奇心以及想知道和理解什么的冲动"日渐消退？如果真是这样，为什么？
- 儿童哲学旨在让孩子更"理性"。推理可以教吗？孩子们学习推理的最好方法是什么？
- 儿童哲学主张培养批判性和创造性思维。批判性思维和创造性思维有什么不同？如果它们是不同的，这种不同是如何体现的？
- 你认为李普曼所说的"关怀性思维"是什么意思？关怀和思维有什么关系？
- 儿童哲学是让儿童参与哲学讨论。好的哲学讨论包括哪些要素？

第三章　团体探究

> 在这个阶段,最重要的是建立当地形式的、让文明和知识与道德生活可以维持发展的社区。
>
> ——阿拉斯代尔·麦金太尔(Alasdair Macintyre)[1]

> 有时候你害怕说出来,但是,在哲学课上你可以说出你的真实想法,有时你还会改变主意。
>
> ——米歇尔,10岁

孩子们和他们的老师围坐成一圈,共同阅读和聆听。孩子们需要一些思考时间来思考他们自己的问题,然后进行讨论。这个小组定期在这个思考圈内相见。他们的提问变得越来越频繁,问的问题变得越来越深入、越来越深刻。同时,他们的讨论也变得更有条理、更专注,更富有想象力。实现这一目标的过程被称为团体探究(community of enquiry)。当一群人通过对话合作寻求相互理解时,就形成了一个探究团体。本章描述什么是哲学团体探究,以及它如何有助于参与者的道德发展和社会性发展。用9岁的戴维的话说就

---

[1] 阿拉斯代尔·麦金太尔,《追寻美德》(*After Virtue*, London: Duckworth, 1984),第244页。

是:"在一个思考圈内,你必须倾听和关心别人说什么。"

人类具有互相矛盾的自然倾向:关心与不关心、慷慨与自私、竞争与合作、爱与恨,等等。正如一名 8 岁孩子所说:"问题是,人们告诉你要做不同的事情,有时候你的大脑也告诉你要做不同的事情!"为了教育我们的学生成为有思想和理性的人,拥有解决自身问题和社会问题的能力,我们必须提供有思想和理性的学校和家庭环境。这意味着在为他们提供实践深刻思考和关爱行为机会的前提下,我们将儿童视为理性的人,认为他们能够对其行为进行推理。要做到这一点,一种方法便是在课堂上建立一个体现社会形式的推理和对他人尊重的探究团体。通过参与团体探究,孩子们培养了良好道德行为所必需的社会习惯。10 岁的卡拉说,"在哲学课上,你必须遵守规则,但你也在制定规则。"

什么是团体探究?

在团体探究中进行哲学学习,不仅是关于发展语言和思维技能的,它的价值还在于它对个人和社会教育的贡献。参与团体探究可以帮助儿童发展技能和性格,使他们能够在一个多元化和民主的社会中充分发挥自己的作用。团体探究能增强学生的自尊、智力自信和参与理性讨论的能力。它通过创建一个关怀团体来实现这一点,在这样的团体中,孩子们可以学习:

- 探索个人关心的问题,如爱情、友谊、死亡、欺凌和公平,以及更普遍的哲学概念,如个人身份、变化、真相和时间;
- 形成他们自己的观点,探索和挑战他人的观点;
- 思路清晰,根据理由做出深思熟虑的判断;
- 相互倾听和彼此尊重;
- 体验安静的思考和反思的时间。

> **如何最好地解决一个问题？**
>
> 以下内容节选自与14—15岁孩子的讨论：
>
> 作者：当你试图解决一个问题时，思考的最佳策略是什么？
>
> 汤姆：如果你想解决一个问题，比如是否要做某事，最好的策略是权衡正反两方面的观点，看看它们之间的区别。
>
> 尼克：你要尽可能多地了解，首先要弄明白这是怎么回事。在你做决定之前，你需要相当多的信息。
>
> 汤姆：一种方法是把事情写下来，比如列出"赞成"和"反对"清单。这样做很好，因为有时候你会忘记一些事情。你可以把利弊都加起来，看看哪个策略会赢。
>
> 尼克：这行不通，因为有些事情与论点看起来更重要。
>
> 汤姆：是啊，你可以把它们列在一个重要的清单里……然后问问其他人的想法。他们可能有你没有想到的重要观点。如果是社会问题，像抢劫之类或其他的事情，在你做决定之前，你需要考虑长期和短期的影响。你需要听取每个人的意见。

哲学探究使孩子们开始对意义和价值进行公开讨论。它鼓励他们思考什么是合理的，鼓励他们做出道德判断。这样的讨论不只是清谈，如果计划得当，还有助于创造一种道德文化，一种共同思考和行动的方式，培养出尊重他人、真诚和开明的美德。在一个探究团体中，孩子们被鼓励通过与他人的持续讨论找到自己的意义。我们无法控制孩子们对他们在街头和私人生活中所面临的危险和诱惑的反应，然而，我们可以试图在教室或家庭创建一个安全的地方，让他们分享自己的想法、感受和经历，让教室或家庭变成聆听他们想法的地方。团体探究旨在提供一个安全的思考空间，为道德探究和社会探究提供一个有创意的环境。10岁的萨洛米说道:"哲学让你有机会把自己的想法拿出来与他人分享。"

团体探究的概念并不新鲜,也不是儿童哲学所独有的。出现的各种形式的"圆圈时间"就旨在创造一个支持性的环境,让孩子们在其中探索情感和建立自尊。团体探究是一个旨在发展思维和促进个人成长的思考圈。

何为团体?

近年来,"团体"(community)的概念一直是政治和哲学争论的焦点。其中一种观点来自黑格尔(Hegel),即团体产生于充满冲突的环境,就像从对立的论点中产生合成的意见一样。问题在于决定如何解决冲突和争论。人们对于争论在团体形成中的作用有不同的看法。团体(或关系)应该总是寻求建立一个共同的观点,还是应该承认并允许不同的观点?团体或关系的指导原则应该是通过综合观点来寻求解决争论的冲突,还是应该承认意见的分歧和不同的观点是不可避免的?

最近,人们对"团体"和社群主义理论的概念产生了浓厚的兴趣。[1] 这些都与黑格尔的社群理想相呼应,黑格尔的理想是建立在个人自由基础上的理性、有组织的社会。在黑格尔看来,批判性思维和反思是在一个有机的团体中发展自由的关键。[2] 根据《柏拉图对话录》的记载,自由探究作为团体构成要素的概念始于苏格拉底。苏格拉底通常会和一些受人尊重的雅典人对话,

---

[1] 彼得·辛格(Peter Singer),《黑格尔》(*Hegel*, Oxford: Oxford University Press, 1983),第34页之后的页码。另一种强调黑格尔极权主义观点的解读,见:卡尔·波普尔(Karl Popper),《开放社会及其敌人》(*The Open Society and Its Enemies*, London: Routledge, 1945),第2卷,第27—81页。
[2] 同上。

他们认为自己知道什么是善和正义。事实证明，这种"知识"仅仅是回应一些习以为常的道德观念的能力。苏格拉底通过质疑这种观点，毫不费力地表明这种已被接受的观点不可能是全部。例如，为了反驳人们普遍认为的正义在于给予每个人应得的东西，苏格拉底提出了一个例子，一个朋友借给你一件武器，但他后来变得精神错乱，你应该把武器还给他吗？苏格拉底提出的问题引导他的听众反思他们不加批判而接受的传统道德。这种以自由探索精神进行的批判性反思，使得理性而非社会习俗成为判断对与错的仲裁者。不假思索而接受的智慧不是真正的智慧，并可能导致错误的判断。或者就像8岁的凯利说的那样："如果你总是按别人说的去做，你最终会遇到麻烦。"

这种苏格拉底式的观点认为，一个团体应该建立在言论自由和诉诸理性的原则基础之上，但这种观点也有其问题。当个人的需要和团体民主表达的利益之间存在冲突时，会发生什么？毕竟苏格拉底被民主的雅典判处死刑。克服这一利益冲突问题的一个办法是，使个人与团体之间的关系变得有机和互惠。团体应通过适应其成员的个人需要而发展。黑格尔认为，团体必须是有机的，因为团体的公约必须是开放性的，并能适应理性论证。他认为，所有团体都是而且应该处于不断发展进化的状态。一个团体比如教室或家庭的道德秩序对于审查和理性应该总是开放的。自由主义理论提供了一种手段，通过民主进程，通过体现所有人的发言权和投票权，确保这种对变化的开放性，以回应个人的需要。

到目前为止，我们确定的团体要素包括：

- 它是一项体现了个人表达自由的原则；
- 它使批判性推理，而不是惯例，成为道德判断的仲裁者；
- 从某种意义上说，它是有机的，因为它的工作程序和价值观是适应变化的；

- 它是民主的，确保所有成员都有发言权和投票权。

当两个或两个以上的人在一起时，他们不仅会对自己所处的制度和社会秩序做出反应，而且在某种意义上，他们也是这种秩序的共同建构者。他们参与社会化的过程，这成为构成团体的特定生活方式。通过语言提供的符号资源和交流提供的共享意义，使这一社会化过程成为可能。我们通过观察他人对我们的反应、预测反应以及发展我们自己的反应体系，来学习无论是在谈话还是在行动中的规范行为标准。这个过程不仅对发展我们在群体中交流的能力至关重要，而且对个人自尊和社会化的发展也至关重要。就算儿童适应了团体规范，这个进程也不会结束。因为儿童作为参与者也成为团体的组成部分，会通过他们的互动影响其他人的反应，从而影响团体的性质。9岁的达伦说："在哲学课上，你真的觉得自己是班上的一员，因为每个人都在听你说，你也在听他们说。"

对话在团体的发展中起着核心作用，因为它要求说话者将自己置于他人的位置，以便了解如何沟通信息（从语法、语义和语用意义上），让其他人理解对话。这种通过共同讨论进行发言的仪式，包括了"让他人理解自己的话"的实践，可以被看作语言和道德关系互动过程的一部分，并在某种意义上将自我融入到团体中。学习如何与他人交谈以及讨论的惯例，对于团体探究的成功运作至关重要。正如一个孩子所说："一旦你遵守规则，你就会忘记它们。"

一个探究团体与其他团体有何不同？

社会学家费迪南·滕尼斯（Ferdinand Tönnies）对自然团体和人工团体

做了一个有用并被广泛引用的区分——"礼俗社会"（*Gemeinschaft*）和"法理社会"（*Gesellschaft*）。[1] 自然团体是一个由共同知识和共享经验联合起来的团体，而人工团体则是一个组织机构，为了像工厂或学校的共同目标而创设。自然团体具有自愿性质；它的特点是自律，有"不成文的规则"，有其内在的意义。家庭可以被看作一个介于个人和国家之间的自然团体，是一种人为的关联，受到规则和其成员外在目的的约束。一个探究团体若想成为一个自然团体，需要具备以下条件：

- 分享经验
- 自愿沟通
- 对意义的共同理解

共享探究（shared enquiry）的概念，使得由个人组成的学习团体与探究团体区别开来。当任何一群人进行合作寻求理解时，就可以说实现了一个探究团体。在这样做时，每个成员都能从其他人的想法和经验中受益，每个人都感到自己是整个团体中宝贵的一部分。这种合议结构具备所有有效思维群体的特征，比如，从政治智囊团到大学研究团队，从产业研究团队到学校员工，从家庭到学校课堂群体。[2] 这种团体意识包括两个方面：一是使有效思维最大化的理性结构，二是相互尊重和共享民主价值观的道德结构。通过这种方式，哲学探究为一种强有力的道德对话提供了背景。

---

[1] 费迪南·滕尼斯（Ferdinand Tönnies, 1855—1936）著有《社会学基本概念》（*Fundamental Concept of Sociology*）。

[2] 参见：P. 圣吉（P. Senge），《第五项修炼：学习型组织的艺术与实践》（*The Fifth Discipline: The Art and Practice of the Learning Organization*, London: Random House, 1990）；G. 德莱顿（G. Dryden），J. 沃斯（J. Vos），《学习的革命》（*The Learning Revolution*, Aylesbury: Accelerated Learning Systems, 1994）。

哲学家哈贝马斯认为，道德判断最好通过一种理想化的对话来形成。他声称，道德话语的独特理念不是要找到普遍规律，而是找到一条得到社会成员同意的普遍准则。这样，我们就有可能摆脱对既定规则的盲目接受，也可以摆脱认为根本没有道德规范的盲目相对主义。哈贝马斯说，"唯一能够自称有效的规范符合（或能够符合）参与者在实际对话中受到的影响因素。"[1] 哈贝马斯在这里指的是一种理想化的对话，通过这种对话，人们达成了被所有人接受的道德共识。正是通过这种理想化的对话，一群讨论有争议的、有问题的、真正值得关注事务的人开始理性思考，从而做出更好的判断和（有时）达成共识。这也是一个探究团体的最终目标。

另一个支撑团体探究概念的是分散智能（distributed intelligence）。分散智能表明，当人类的思维以社会共享和分散的方式发生时，它是最丰富的。俗话说得好，在解决问题时，三个臭皮匠顶过一个诸葛亮。经典的智慧观是，人类的思维是由个人头脑所决定的。然而，维果茨基提醒我们，我们的智力范围总是可以通过与他人的调解和互动、通过智力的社会性分配来扩大。10岁的简在一次关于解决个人问题的最佳方法的讨论中总结了这一点的价值："当你试图解决问题时，最好让尽可能多的人来协助你。"

如何在课堂上创建一个探究团体？

团体探究致力为小组讨论创造最佳条件。这样做的一个主要好处是它能帮助孩子将智力讨论的基本规则内化。研究表明，这个过程对孩子的思维相当重要。一项研究描述了教授有效讨论的基本规则可以帮助小组解决非语言

---

[1] 哈贝马斯，《道德意识与交往行为》（*Moral Consciousness and Comminicative Action*, Cambridge, MA: MIT Press, 1990），第 66 页。

性推理测试问题。实验组孩子在单独的非语言性推理测试中比对照组的孩子表现得更好。[1] 简单地学习如何以理性和反思的方式进行讨论似乎有助于提高孩子的推理和解决问题的技能。但是，如何在课堂上实践这种形式呢？

以下概述了在课堂上创建哲学讨论探究团体的要素。第六章将对这一过程进行更全面的讨论。

一节团体探究课的流程

- 团体建设——坐下来让每个人都能看到对方，并达成一致的讨论规则。
- 介绍课程——分享课程的目的，并达成一致的规则，使用放松练习或思维游戏来确保注意力集中。
- 分享一个刺激物——呈现一个故事、一首诗、一幅画或其他促进思考的刺激物。
- 留出思考时间——让孩子们思考这个刺激物的奇怪、有趣或不寻常之处，并与一个同伴分享他们的想法。
- 邀请提问——邀请孩子们问他们自己（或同伴）写在黑板上的问题，这些问题会被讨论，而其中一个问题会被选择用来探究。
- 引导讨论——让孩子在彼此想法的基础上回答所选的问题，教师带领孩子探究原因、例子和其他观点。
- 跟进和回顾——引入一个活动来扩展思考和回顾讨论。

---

[1] N. 默瑟（N. Mercer），K. 利特尔顿（K. Littleton），《对话与儿童思维的发展：基于社会文化视角的研究》(*Dialogue and the Development of Children's Thinking: A Sociocultural Approach*, Abingdon and New York: Routledge，2007）。

团体建设

理想情况下，小组成员坐成一个圆圈或马蹄形，目的是每个人都能看到彼此。同时，教师也是小组的一员。

接着，最重要的是，为讨论确立基本规则。这些规则可以由讨论主导者制定，也可以通过小组讨论达成一致。一位教师通过列出孩子们能想到的所有与"说话"相关的单词并与他们讨论来做到这一点，比如"论证""讨论"和"推理"。孩子们分组讨论并对每个单词的意思（在字典和辞典的帮助下）达成一致。然后，他们分组讨论"在小组中交流应该遵守的最重要的规则"，并被要求列出不超过 6 条的规则。然后，他们以全班的形式讨论不同的规则，并最终确定了在课堂上展示的清单。

我们的谈话和倾听规则如下：

- 一次一个人说话。
- 专心听发言者讲话。
- 尊重别人说的话——不"贬低"。
- 试着为我们所说的话给出理由。
- 言出由衷。
- 可以不同意，但要说出"为什么？"。

分享一个刺激物

通常情况下，教师或讨论的促进者会选择合适的刺激物，一般是故事、诗歌或其他文本。如果是一个故事，每个成员都可以轮流朗读，也可以选择不读。刺激物是对小组确定的关键概念和问题进行思考和讨论的切入点（有关选择促进思考的故事的更多信息请参见第四章）。

一旦他们习惯了在一个探究团体中对故事进行哲学讨论，孩子们就可以自己选择文本。我曾让6—7岁的孩子从家里挑选或带来他们称之为"富有哲理"的故事书供我们阅读和讨论。当我问一个孩子为什么他选择的故事书富有哲理时，他说："因为它有一个问题或有神秘感。"另一个孩子解释说，他的故事书很有哲理，"因为你可以就此提出问题。"

刺激物不一定是文字，也可以是图画书、艺术作品、生活体验或一个开放的问题，诸如"什么是恃强凌弱的人？"这种让每个人都可以回答的问题（关于这个问题的讨论见后文"哲学/伦理探究"部分）。

邀请提问

给孩子们留出时间来思考刺激物，让孩子以个人、成对或小组的形式提出由刺激物所激发的问题、难题或观点。把这些问题写出来让所有人都能看到，并考虑作为一个可能的主题进行探究。

以下是一组三四年级的孩子（7—9岁）提出的问题，他们曾问是否可以在下一节团体探究哲学课上讨论上帝问题。这些问题反映了他们视野和想象力的广度：

- 谁创造了上帝？
- 谁是上帝？
- 上帝是怎么诞生的？上帝多大了？
- 上帝是如何创造世界的？
- 为什么要创造上帝？

- 上帝真的存在吗？
- 上帝是怎么创造我们的？
- 天堂是什么样子的？
- 为什么上帝如此特别？
- 为什么上帝要打雷？
- 为什么上帝创造了我们？
- 为什么上帝创造了魔鬼？
- 为什么上帝要杀我们？
- 为什么上帝要诅咒我们？

儿童哲学的独特价值在于，它是唯一一种经过充分研究的特别专注于发展孩子提问能力的思考方法，尤其是发展那些能让孩子们用哲学智能思考和行动的提问能力。

讨论一个选定的问题

小组的每个成员都有机会就所讨论的问题或已说过的话表达自己的观点和感受，每个人都必须倾听他人的意见，并考虑他们的观点和想法。

通过说"我同意……"或"我不同意……"来建立孩子们开始回答问题的良好惯例是一个好主意。这样做的好处是，让他们专注于回应别人所说的话，从而创造一个对话，而不是把讨论变成无关观点的独白。即使是6岁的孩子也能学会说他们同意谁的观点、不同意谁的观点。尽管他们有时需要像我们所有人一样要被激励才能说出原因。

帮助讨论的另一个有用的策略是问孩子们关于对立观点的看法，例如，故事中的两种想法、看法、观点、人物或事件在哪些方面相似，又在哪些方面不同。在一次哲学讨论中，10岁的孩子被问道："知道和相信之间有区别吗？"一个孩子想了想，回答说："有，因为，比如说，我相信有圣诞老人，但我知道他并不存在！"

拓展思考与回顾讨论的活动

在讨论前、讨论中或更经常的是在讨论结束时，可以通过活动、练习或进一步的讨论来扩展小组的思维。这些活动、练习或讨论可以应用和扩展主导思想，并有助于发展所讨论的概念。对于大一点的孩子来说，"思考本"、记事簿或笔记本是很有用的工具，可以让他们在讨论过程中或课程结束时对刺激物做出回应，写下问题和想法。

课程结束时，进行总结回顾是有好处的。这样可以提醒孩子们刚才说了什么、问了什么问题、提出了什么要点并评估个人的贡献。例如，让他们在小组中找出一个在讨论中"有好主意"的人。与此同时，帮助孩子评估讨论的质量也很重要。例如，检查他们是否认为所有的人都遵守了规则（"我们都听取并尊重他人的观点了吗？"），以及如何在以后改进讨论。

提供某种形式的对话评估机会有助于个人评估他们对探究活动的贡献，并在未来改进他们的贡献。如果讨论的内容不仅是有关对与错的，而是旨在帮助小组了解如何改进他们在探究过程中的行为，那么教师或促进者对讨论质量的反馈将非常有益。

这种评估可以通过在课程结束时的"共同思考"以提问和对话的形式来进行，也可以包括同伴评估和自我评估。其目标是让学生能够对自己的学习承担更大的责任，变得独立，更好地参与自主讨论。在一次这样的全体回顾活动上，一个孩子评论道："我不认为我们都听取了其他人的观点。我知道有时候我没有。有时我甚至不听自己的。但我将来会做得更好。"

像任何好的对话一样,优质的团体回顾活动包括:

- 很多开放性或苏格拉底式的问题;
- 在教师的鼓励下,学生给出有相当长度的回应;
- 提及讨论的基本规则和主题。

另一种方法是在讨论结束时为"最后的总结"留出时间,这可以是,每个参与者写下一些简短的最后的想法,与合作伙伴进行简短的反思对话,或与所有人分享自己的观点。

因此,一个良好的探究团体既有认知维度,也有道德维度的发展。它是实现传统教育目的的一种进步手段。18 世纪的哲学家康德将其概括为"增强心智才能"和"培养品格"。团体探究的目标是让孩子们学会在不同意见之间进行对话,学会倾听和尊重他人的意见,这是关怀他人的道德和社会使命的核心部分,也是世界上许多学校和社区价值观的核心。

团体探究对道德教育有何贡献?

> 我们的讨论不是小事,而是以正确的方式来指导我们的生活。
>
> ——柏拉图,《理想国》,卷八

在当今的许多国家,人们越来越关注教育价值观的问题。在英国,几乎每星期都会有一些让公众感到焦虑不安的缺乏道德判断的事情发生。教育对儿童道德发展所能发挥的重要作用几乎不需要强调。许多研究人员都强调了学校在民主教育和核心道德价值观(如尊重自我、尊重他人和尊重环境)方面所面临的挑战。[1] 这要求学生运用道德原则、洞察力和推理能力来发展对道德问题做出判断的能力，这一要求没有问题。但当提出如何教授道德判断时，问题就出现了。

其实答案很简单。学校应该教什么是"对的"、什么是"错的"。基于这种观点，教学包括坚持某些核心价值观，比如，讲真话和关心他人，并遵循社会制定的规则。但是，无论这些价值观多么值得称赞，道德教育必须不仅仅是传授这些核心价值观。教导的价值观可能不会被内化——可能不会成为个体孩子的信念和价值观的一部分。教授的重点是让孩子知道所有的道德行为背后都是有原因的，他们需要帮助他们在一个不确定的世界中面对道德冲突的处理技能。

一个 8 岁的孩子说："只要是正确的，我们应该想想我们做什么，做我们想做的事情。"但是，是什么使一个行为"正确"或"错误"呢？我应该怎样对待他人？我应该成为什么样的人？"公平"是什么意思？正义是什么？我们有什么权利和责任？这些是我们作为个人和公民都面临的一些普遍的道德问题。道德教育的核心问题之一是"对"和"错"并不只是道德领域的问题。对"对"和"错"概念在道德上的使用应该不同于二者在法律方面的使用，或者不同于当回答事实问题时的使用。与"好"和"坏"一样，它们具有表示赞扬或反对词汇的特点，在不同的语境中有不同的功能。在这个混乱的世界里，我们应如何帮助孩子发展道德适应力和理解力？

道德教育的目的可以概括为：

---

[1] 参见：菲利普·卡姆，《在学校教伦理学：道德教育的新途径》（*Teaching Ethics in Schools: A New Approach to Moral Education*, Camberwell, Victoria: ACER Press, 2012）；G. 伯奇（G. Burgh），T. 菲尔德（T. Field），M. 弗里克利（M. Freakley），《伦理学与团体探究》（*Ethics and the Community of Enquiry*, Melbourne: Thomson, 2006）。

- 通过让学生参与道德讨论，了解道德的语言和观念；
- 通过对道德问题的讨论和反思，理解道德信念的本质和目的；
- 通过帮助学生确定他们认为什么是对的、什么是错的，他们为什么这样做，以及他们应该如何按照自己的道德信念行事，建立一套以自己和他人为参照的个人价值观；
- 形成按照个人价值观和信念行事以"做一个有道德的人"的道德倾向。

做一个有道德的人是什么意思？

广义上讲，道德哲学家对道德是什么有两种回答。一种观点可以被称为道德原则（moral principles）进路。做一个有道德的人就是以一套可普遍化的规则作为原则指导行为。这些原则可以从运用理性的过程中推导出来，正如康德和他的追随者所做的那样。或者原则可以来自权威，例如，来自宗教教义。从这个角度讲，做一个有道德的人就是遵循一套规则或普遍原则。因此，道德教育将被视为发展一套指导信念和行动的道德原则。在道德发展的最初阶段，人们需要遵循他人的规则，然后发展为道德自治，规则成为理性的自我认知的原则［如下面的科尔伯格（Kohlberg）和皮亚杰的理论所述］。我们需要原则，但我们也需要道德行为发生时的情境。我们的动力来自故事，来自发生在特定人群身上的事情，也来自规则。故事激发了团体探究的讨论，这些讨论为道德讨论提供了一个载体。

原则或规则的问题在于，它们不一定能告诉你在特定情况下如何行动。它们是否适用于所有的情况？没有例外吗？做一个有道德的人仅仅是关于我们所做的事情和我们所遵循的规则，还是更多关于我们是什么样的人以及我们对他人的感觉和反应？做一个有道德的人是关于原则还是美德的？

另一种观点认为，道德就是发展美德（development of the virtues），"善"人的特征是富有美德。这一观点来自亚里士多德和他的追随者，他们关注的是定义有道德的人的特征和拥有的美德。道德教育被看作对诸如宽容、尊重和关心他人等品质的培养。女性主义哲学家认为，理性和原则不应该与人类的关怀和同情相分离。他们说，道德情感和个人关系应该是道德的核心。这里要考虑的重要问题是：

- 我们想在学生身上培养哪些品质？
- 我们的学生认为好人拥有什么样的品质？

什么是好人？

以下内容节选自与一群6—7岁孩子的讨论：

作者：当我们在故事或现实生活中说某人很好时，是什么让他成为一个好人？

乔迪：你说的好人是做对事情的人。

夏洛特：一个善良的人。

作者："善良"是什么意思？你能举个例子吗？

托尼：一个善良的人乐于助人。比如，帮助一位老太太过马路之类的，或者给你一些你需要的东西。

简：乐于伸出援助之手。

作者：每个善良或乐于助人的人都是好人吗？

特里西娅：一个人可能这一天很善良，而下一天却很可怕。

罗伯特：没有人能一直都是好人。

> 克莱尔：除了琼斯夫人。（注：琼斯夫人是班主任。）
> 琼斯夫人：我试着做好人，但我并不总是做得很好。
> 葆拉：好人就是内心善良，但并不总是做好事的人。

认为道德是培养某种美德的问题之一是，决定这些美德应该是什么。对于"好人"会有不同的理解，例如，我们不一定同意亚里士多德有关美德的列表。规则在道德判断中不起作用吗？难道就没有指导行为的原则吗？道德仅仅是一个动机良好的问题，还是在任何情境下的一些正确或错误的行为？

这些观点总结了道德教育的两个关键方面，即发展原则和美德的需要。原则为信念和行动提供了理由，为个人自治和大众生活中公认的社会准则提供了基础，但它们应该是什么原则呢？我们并非生活在道德真空中，道德决定是人际间的，取决于对他人的影响。我们需要美德，美德可以让我们在行动时有判断力，让我们拥有想象力和同理心以使我们理解他人的需求和感受并预见行动的后果。但是，需要什么美德，如何培养它们？美德是分阶段发展的吗？

道德发展

皮亚杰和科尔伯格认为，道德教育应该通过理解道德发展的心理阶段来进行。在他们的研究中，他们通过使用故事来探索儿童对道德判断的反应，并用这些发现来构建道德发展阶段理论。

皮亚杰使用的其中一个故事是，一个孩子打破了门后托盘上的杯子。应该责备这个孩子吗？皮亚杰发现，许多幼儿都认为这个孩子应该受到责备，因为是这个孩子打碎了杯子。年龄较大、自主性更强的孩子辩称，尽管这个孩子对打碎杯子负有客观责任，但他不应该受到责备。另一个故事是，一个孩子在爬上食品柜偷果酱罐时打碎了一个杯子。从孩子们对这些故事问题的反应来看，皮亚杰认为，道德发展可以被看作分为两个不同的阶段：

- 权威主义道德（authoritarian morality）——相信道德准则是由他人给出的，道德准则存在于人之外，是非理性的，道德被视为对既定准则的服从。
- 自主道德（autonomous morality）——道德行为是否合理要考虑到动机和个人需求，并对推理探究保持开放。

科尔伯格还使用了其他一些故事。比如，一个男孩的父亲说，如果他赚50美元，他就可以去露营。后来，父亲说男孩必须把他自己赚的钱交出来。男孩撒了谎，他赚了50美元，但他说他只赚了10美元，准备带着40美元去露营。他跟他弟弟交待了实情，他的弟弟应该告诉他们的父亲吗？从对这类故事的反应来看，科尔伯格认为，道德发展的三个主要阶段可以概括如下：

- 前道德阶段（pre-moral）——遵守规则以避免惩罚，或获得奖励（工具性的享乐主义）。
- 他律道德阶段（conventional morality）——遵守规则以避免反对（"好孩子"道德），或遵循规则以避免责难或内疚（服从权威）。
- 自律道德阶段（self-accepted morality）——一种契约道德，其中权利和义务是相互的，或原则符合个人的良知。

这种观点的批评者认为，道德决定和道德发展更为复杂。以上所有因素都与一个人对任何一种道德状况的反应有关。此外，也没有证据表明道德发展是沿着线性轨迹发生的：我们没有按照一个整齐的道德反应层次来进行。然而，人们普遍认为，发展道德的目标是实现道德自治。

道德决定有双重焦点，自我（对我有什么后果？）和他人（对他们有什么后果？）。道德思维的发展可以被看作从自我中心（对我有什么好处？）向社会中心（对所有人都合适吗？）的转变。这包括从简单的自身利益概念转向考虑其他观点的复杂性，需要运用道德想象力和同理心。道德关怀不应是只关心自己，还应包括考虑他人的利益（如图 3.1 所示）。

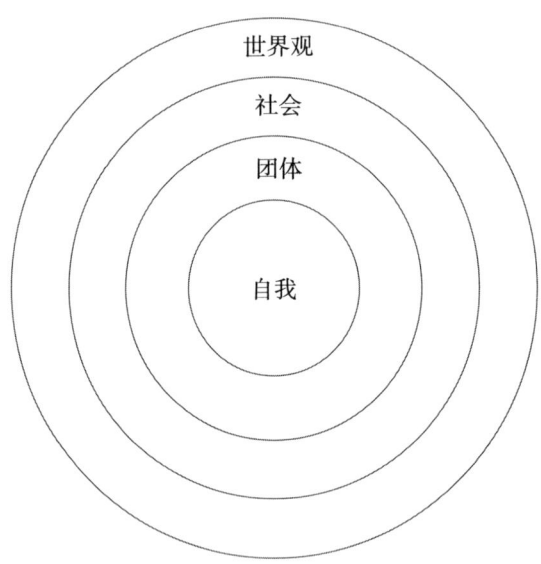

图 3.1　道德教育：拓展道德关怀的范围

这种对他人的同理心或理解有一种情感或感觉因素，这可以被称为同情或关心，但也有包括涉及理解人们为什么以某种方式思考、感受和行为的认知方面的因素。道德智能的发展可以从意识和理解的增长中看到。道德不只是简单地遵守规则，无论是传统的规则还是自我接受的规则，而是与我们想要达成的结果有关，包括我们想成为什么样的人，我们想让世界变成什么样。

道德教育是复杂的，涉及培养以下品质：

- 态度——认为他人同样重要，原则具有普遍性；
- 洞察力——想象力和同理心，理解他人的感受和需求；
- 知识——预测对自己和他人可能产生的后果；
- 沟通能力——与他人的感觉、需求和兴趣相联系；
- 做出理性判断的能力——基于充分的理由做出道德判断；
- 个人倾向——根据判断行事，做正确的事。

道德的发展似乎取决于广义的教育，但要确定哪些要素可以成为教学知识与理解方面的重点就变得很困难，也是存在争议的。为了培养道德品质，学校需要有建立在公正和公平原则基础上的规范团体。但学校也需要在课程内采取行动以让学生知道、理解和关心人类决策对于他人和环境的影响。

> **动物应该被杀死吗？**
>
> 以下节选自与6岁孩子的讨论：
> 琳达：我认为不应该杀死动物。
> 作者：为什么不呢？
> 格雷姆：动物没有对我们做什么，我们为什么要杀死它们？
> 作者：有时动物被杀是因为人们想吃它们，比如牛或兔子。
> 雷切尔：我们不应该杀死牛……它们给我们提供牛奶，牛奶对我们有好处。

克雷格：如果我们杀死动物，我们就不应该吃它们。你不会想被吃掉吧？

丽贝卡：杀动物来吃是不公平的。还有很多其他的东西可以吃。

作者：有些动物因为味道好而被杀死和吃掉。

伊万：这不公平。

霍莉：有时候动物病得很重，你必须杀死它们。

英戈：或者它们在事故或其他情况下受伤了。

教师：有些野生动物会伤人。如果动物很危险，应该杀死它们吗？

韦斯利：就像老虎可以伤人一样。

尼尔：我认为我们应该只在动物杀死了六个或更多人的时候才杀死它们。

教师：如果一只动物只杀死了一个人，它应该被杀死吗？

朱丽叶：不应该。因为它不知道自己在做什么。

道德态度

道德发展值得关注的一个方面是态度。我们如何培养积极的道德态度？下面的问题可以作为培养道德意识态度的指导原则：

- 这是我想成为的那种人吗？
- 我希望人们那样对我吗？
- 这是帮助别人还是伤害别人？
- 我（他/她/他们）能做得更好吗？
- 这会让世界变得更美好吗？
- 这是一件建设性的还是破坏性的事？
- 其他人会怎么想？

俄罗斯有句谚语说:"教育一个孩子需要整个村庄。"很多道德教育都是间接的,取决于文化或社区中外部模式的影响,以及取决于一些内在的道德行为规范。人们普遍同意,必须首先教导年轻人通过遵守规则和惯例来做出适当的行为,并且应该清楚地说明遵守某些规则的理由。但如果道德在本质上是一种生活方式的产物,那么我们可能教授道德推理吗?

亚里士多德认为,道德哲学不适合年轻人,这主要有两个原因:他们缺乏经验和理性原则。皮亚杰和科尔伯格认为,正是幼儿的自我中心意识阻碍了他们在七八岁之前的道德发展。然而,尽管幼儿对道德知识缺乏反思性的理解,但越来越多的证据表明,即使是四五岁的幼儿也能回答有关道德规则的问题,并能考虑对他人造成的后果。幼儿具有强烈的公平感,这可以通过讨论故事和现实生活实践来培养。即使受到经验和推理能力的限制,幼儿也能思考富有想象力和有争议的道德观点。加雷斯·马修斯举了一个例子,当父母朋友的三个孩子控制了电视节目的选择时,6岁的伊恩沮丧地问道:"为什么三个人自私比一个人自私更好?"[1] 幼儿在生活中面临许多困境,而这些困境往往激发了道德方面的讨论。

道德教育:关键术语的意思是什么?

道德教育中的一些关键术语可以定义如下:

伦理学(ethics,源自希腊语"*ethos*",意思是品格):研究道德规范或体系,以及实践推理中涉及的概念,如善、权利、公平、正义、美德、自由和选择;是哲学研究的一个

---

[1] 加雷斯·马修斯,《哲学与幼童》(*Philosophy and the Young Child*, Cambridge, MA: Harvard University Press,1980)。

分支。

道德（morality，源自拉丁语"*mores*"，意思是礼节或习俗）：泛指个人或群体的行为规范、风俗习惯和行为举止，包括品格的好与坏，对与错的原则，道德习惯、行为和美德。它有时等同于伦理学。

价值观（values）：在伦理学中，指具有内在价值的东西。更广泛地说，用来判断生活中什么是有价值的或重要的原则或标准。一些人认为，价值观是主观的，是个人的自主选择。另一些人则认为，理性、人性、上帝或其他权威为价值观确立了客观的标准。

美德（virtues）：一种值得赞赏的性格特征，使人在道德、智力或处理事务方面变得更好。亚里士多德认为，美德是道德善的本质。不同的文化对美德有不同的理解，例如基督教的美德。康德认为，美德在于义务；功利主义者认为，美德在于追求幸福的最大化。

如何教授道德观与社会价值观？

道德观和社会价值观可以通过多种方式教授。这些方式包括：

- 灌输
- 宗教权威
- 常识性方法
- 价值观说明
- 道德困境
- 哲学 / 伦理探究

灌输

对有些人来说，道德教育最好是作为一种道德训练的形式来教授，即通过教授一套完整的道德规则。这包括告诉孩子们应该知道什么，应该做什么。它规定了一套无法选择或质疑的成年人价值观。但是，"照我说的做"的方法不能帮助孩子形成一套个人价值观，也不会帮助他们培养对他人的关心、担心或尊重。灌输法可能为教育的开展提供必要的社会界限和条件，但无论这种灌输是来自父母、教师还是其他地方，如一本书，它本身并不具备教育性。对儿童来说，哲学是对基本价值观的意义和关系进行公开的、具有挑战性和质疑性的探究，因此并不是一种灌输形式。正如11岁的查梅因所说："哲学不会告诉你说什么或做什么，你必须自己搞清楚。"

宗教权威

许多人的道德观和社会价值观来自宗教权威、来自作为宗教团体中的一员。在一个团体探究中讨论宗教价值观和信仰，应有助于孩子——不论其信仰是什么——获得处理道德问题的个人技能和社会技能。探讨价值观对于帮助孩子理解宗教价值观如何丰富了自己和他人的生活是很重要的。9岁的穆斯林奥马尔这样说："哲学让我有机会分享我的宗教信仰，分享我真正的信念和想法。"关于哲学在宗教教育中应用的进一步讨论请参见第七章。

常识性方法

对有些人来说，道德教育是常识和约定俗成的事。

个人道德被看作在任何情况下决定什么是明智的，或遵循社会习俗（如学校规则）的功利主义问题。问题在于，这种方法可能会变成"放任主义"

（laissez-faire），孩子们被假定为知道"对""错""公平"和"真理"等概念的含义，但他们却对这些概念感到困惑，而且这些概念也没有得到检验。道德不能简单地停留在无知的个人选择或一系列盲目的假设之上。儿童需要了解社会所期望的准则、惯例和行为，但他们也需要了解做出道德判断涉及的概念和标准，并形成在面对外部威胁和压力时能够灵活应对的道德原则。在一个探究团体中，常识概念经过了仔细的审视。正如7岁的贾斯廷所说："在哲学中，你必须知道自己说这些话的原因。"

价值观说明

价值观说明包括学生在一个中立和不带偏见的环境中谈论和分享价值观并反思价值观的含义。这种方法的一个问题是，当价值观发生冲突时该怎么办。该方法表明，只要找到支持道德观点的论据，任何价值观都可以站得住脚。但是，如果所有的价值观都被认为具有同等的价值，那么孩子们就会处于一种盲目的相对主义中。如果不同的价值观是同样合理的，那么道德生活就没有特定的或必须的基准。通过提供理由和证据来支持我们的信念，阐明道德价值观是相当重要的，但这并不能给道德教育或团体探究提供充分的基础。一个探究团体体现了某些基本价值观，例如讲真话、机会平等和尊重他人，这些价值观在其运作和道德风气的培养上是必不可少的。孩子们很快就会意识到，要想让团体探究发挥作用就必须具备某些基本的价值观或规则。正如9岁的丹尼尔在讨论中说的那样："有些规则是每个人都必须知道的，否则就行不通。"

道德困境

人们面临什么样的道德选择？激发道德讨论的一种方法是使用"两难困

境"。科尔伯格和皮亚杰所使用的道德困境提供了可用于讨论道德原则的研究案例。对年幼的孩子来说，首先讨论日常或假想的困境并提供决策可能会有所帮助。图画书可以成为这类讨论的刺激物。[1] 其他可以引入的两难困境包括提出可以做出其他选择的问题，例如：

- 你更喜欢住在哪里，是在……还是在……？
- 你更喜欢有一个怎样的朋友，是……还是……？
- 你更喜欢有一位怎样的老师，是……还是……？
- 当你长大了，你更喜欢成为一个……还是……？
- 你更喜欢收到一个怎样的礼物，是……还是……？

在激发讨论和辩论方面，开放式问题和两难问题一样富有成效。这些问题可以来自报纸或电视上的新闻栏目，可以来自学生的生活（例如，在教室里设置一个"问题箱"，学生可以匿名提供可供讨论的问题），也可以来自一般性的开放式问题，例如：

- 快乐和富有哪个更重要？为什么？
- 做个孩子好还是做个成年人好？为什么？
- 要以不同的方式对待男孩和女孩吗？他们应该被这样对待吗？
- 什么是欺凌？对此应该做些什么？
- 孩子有权利吗？有什么权利呢？

---

[1] 比如，约翰·伯宁罕（John Burningham）的《你喜欢……》(*Would You Rather...*)，这是企鹅出版社出版的一本图画书。

这样做的目的是激励孩子产生灵活的观点，考虑做出真正的选择。后续问题可以包括：某些难题是否比其他的难题更容易决定？如果你要做一个选择，谁能帮助你做出决定？你在生活中遇到过两难困境（艰难的选择）吗？如果有的话，你是如何决定要做什么的？

现实生活的困境当然让我们面临着许多人生中最重要的抉择。我们都需要独立思考的灵活能力，我们需要能够捍卫我们认为对他人正确的东西。以下的道德困境可成为讨论的重点内容：

- 你看见你最好的朋友从商店里偷了一包糖果，你该怎么办？
- 朋友借给你一个玩具，你把它弄丢了。你应该给他买一个新的吗？你应该怎么做？
- 你答应过你妈妈在放学回家的路上不吃薯片，但是你吃了。你妈妈在你的口袋里发现了一片薯片，问它是从哪里来的。你该怎么说？你会怎么说？

以下是一个孩子某天早上面临的现实困境。在上学的路上，他发现一张5英镑的钞票。他把它捡了起来。没有人看见。他该怎么办？也许可以问孩子们一个更有效的问题：他能做什么？考虑其他的选择，或者用德博诺的"思考工具"之一来说就是，考虑所有因素（Consider All Factors，简称 CAF）。创造性思考问题的本质是有条件的思考——试图分析一个情境中的所有条件、因素或选择。在关于捡到5英镑钞票的讨论中，一个三年级班的孩子被要求讨论：捡到钞票的人有什么选择？然后对选择进行排序：哪一个是正确的选择？最后，从具体的、个人的选择到一个一般的规则：你会做出什么样的选择？你到底会怎么做？为什么？这里应用的一般规则是什么？

道德难题：如果你捡到一样东西，你应该留着吗？

以下节选自与一群9—10岁孩子就下面这个困境产生的讨论：如果你在上学的路上捡到了一张10英镑的钞票，你能拿它做什么？你应该拿它做什么？你会拿它做什么？为了回答"你能做什么？捡到10英镑钞票的人有什么选择？"，孩子们列出了7种可行的行动方案。

安东尼：就让它在那儿，不要捡起来。

詹姆斯：把钱捡起来花掉。

曼迪：把它捡起来，带到学校，然后交给你的老师。

理查德：拿起来，留着，并存起来。

丹尼尔：把它带到警察局去。因为如果有人认领，你可能会得到奖励。

本：拿去捐给慈善机构。

达伦：我会把它捡起来，和我的朋友们一起分享。

作者：谢谢。你们提出了7种可能性。你们认为哪一个是正确的选择？

娜丁：我同意安东尼的观点，我认为应该把钱留在那里不要捡起来。

作者：为什么呢？

娜丁：因为它可能属于某个人，当他意识到自己丢了钱时，他可能会回来找。

阿什利：我不同意，我想你应该把它带到学校去。你不应该把它带到警察局。它可能属于学校里的某个人。

加里：我想你应该把它放在你自己的抽屉里。

丹尼尔：你应该把它交给警察，因为如果5天后没有人认领，它就是你的了。

詹姆斯：我同意丹尼尔的观点。你应该把它带到警察局，因为这不是你的钱，它可能会找到真正的主人。

艾萨克：我不同意阿什利的观点。如果你把它带到学校，并把钱给了某个人，他可能会留着钱，或者你的朋友可能会说这是他们的，你必须把钱给他们。

唐娜：我同意艾萨克的观点。如果学校里的人看到它，他们可能会说这是他们的。或者他们可能会试图偷走它。

理查德：我认为你应该留着它，因为把它掉在地上的人应该更小心，否则它一开始就不会在那里。

约翰：你应该留着，然后用它投资。

莎伦：你可以留下5英镑，然后还回去5英镑。

李：我同意理查德的观点。假设你把钱掉在了地上，别人会捡起来。所以如果他们掉了钱，你应该捡起来留着。

作者：好的。谁能记住并总结一下关于"你应该做什么"的不同观点？

西蒙：交给警察，交给老师，留着花了，不捡钱，拿去和别人分享。

作者：你们已经告诉我，你们能做什么，你们应该做什么。现在我想知道如果这件事发生在你们自己身上，你们将怎么做？

李：我会留着。

作者：为什么呢？

李：因为如果别人捡到了他们就会这么做，他们会把它捡起来花掉。

作者：好吧。如果别人会这么做，这是你也这么做的一个好理由吗？

艾萨克：如果别人这么做，你为什么不照着做呢？

曼迪：我不同意。仅仅因为别人这么做，并不是你这么做的好理由。你不会想让他们拿走你的东西吧？你会吗？

引起道德困惑和需要仔细思考的不仅仅是道德困境问题。我们需要为学生提供机会，让他们了解情境是微妙而复杂的，所以需要他们进行道德反思。现实生活是复杂的，我们很难做出明确的选择。道德教育面临的挑战是，为学生提供机会，让他们参与有意义的反思以及讨论支持或挑战他们道德思想或让他们进行道德思考的问题。团体探究提供了一个机会，用8岁的基兰的话说就是："让我们去思考该相信什么。"

哲学/伦理探究

道德发展和智力发展之间有着重要的联系。这可以从年轻人阐明道德立场和反思道德立场的不同能力中看出来。有些学生能够以明智、连贯和合理的方式证明一种道德观点。另一些人则不能清晰地表达自己的想法，尤其是那些依赖顺从习惯和尊重习惯的人。道德的发展在一定程度上与推理能力的发展有关。因此，最好的道德教育应该在智力上富于挑战性和严谨性。它应该是苏格拉底式的，对事物抱有怀疑精神，对理由刨根问底，并对诚实的探究敞开心扉。

什么是恃强凌弱的人？

以下节选自与一群7—8岁孩子进行的团体探究讨论：

作者：什么样的人是恃强凌弱的人？

妮科尔：恃强凌弱的人是故意对别人很凶的人，就像他们结伙欺负别人，给人取绰号。

埃莉：恃强凌弱的人就是对比自己长得矮小或比自己年龄小的人很凶的人。

作者：恃强凌弱的人可能是比他们欺负的人更矮小或更年幼的人吗？

埃莉：不，恃强凌弱的人指的是比你强壮或年长的人，他们对你颐指气使，打你，给你取绰号。

贝丝：我不同意埃莉的观点，我认为不是你有多高大或年龄多大，而是你的所作所为让你成为一个恃强凌弱的人。

作者：这是什么意思呢？你能给出原因或者举出例子吗？

贝丝：嗯……以大卫和歌利亚的故事[1]为例。歌利亚是个恃强凌弱的人，因

---

[1] 出自《圣经》，指的是牧童大卫以投石弹弓打中力大无穷的巨人歌利亚的脑袋并割下其首级的故事。——译者注

为他砍掉了人的头。但大卫也可能是个恃强凌弱的人。如果比他高大的人害怕他，他就会欺负他们。

作者：有谁同意或不同意这个观点吗？

托尼：我同意贝丝的观点。我妹妹比我小，但是她总是试图欺负我。

作者：埃莉，你怎么看呢？

埃莉：我还是不认为小个子会欺负你。他们可能试图欺负你，但除非他们伤害你并且你无法对他们做任何事情，否则它不会真的是欺凌。

作者：我明白了。还有谁对此有不同的看法？

扎拉：嗯，恃强凌弱的人经常成群结队。这就是为什么他们觉得自己又高大又强壮，还爱说脏话。

贝丝：黄蜂会欺负你，但它们都很小。

托尼：黄蜂不知道自己在做什么，它只是一只黄蜂。恃强凌弱的人是故意做出令人讨厌行为的人。他们想伤害你。黄蜂只是想……把你吓跑之类的。

作者：好的。那么现在谁能说说什么样的人是恃强凌弱的人呢？

妮科尔：恃强凌弱的人就是对你很凶的人，比如打你……

作者：他们一定会打你吗？

妮科尔：不一定。他们可以给你取绰号之类的。他们故意这样做……伤害或恐吓你，比如，结伙欺负某个人。这些人通常都更高大或年龄更大，但这也不一定。他们可能比你高大，也可能比你矮小；可能比你年龄大，也可能比你年龄小。

作者：谢谢。但我想并不是所有的人都同意这个观点。埃莉，你认为恃强凌弱人的人是比你高大还是比你矮小呢？

埃莉：我想我有点改变主意了。你有多高大并不重要，重要的是你对别人做了什么才会使你成为一个恃强凌弱的人。

民主教育

对许多教师来说，特别是在从独裁统治中解放出来的国家，团体探究的价值主要被视为民主教育的一种形式。他们认为，如果孩子们没有经历过民主的过程，没有看到民主在实践中的价值，怎么能教他们民主呢？这种认为民主最好通过经验来学习的观点与约翰·斯图尔特·密尔的观点不谋而合[1]，密尔写道：

> 我们学习读书、写字、骑马、游泳，并不仅仅是听人说怎么做，而是通过做才能学会，所以，只有在有限的规模上实行民选政府，人民才能学会怎么做。

在一个探究团体中，通过哲学讨论进行道德教育的论点可以概括如下：

- 民主理想要求教育实践避免灌输，并促进人们的自我判断能力。
- 因此，在道德教育中，我们应该避免道德教导，而去集中精力培养儿童的反思性道德判断能力。
- 为了培养儿童的反思性道德判断能力，我们需要一门道德教育课程。通过此课程，儿童开始批判性地、负责任地思考道德问题和社会问题。
- 哲学可以通过团体探究的形式促进儿童在民主社会背景下的道德思考。

---

[1] 约翰·斯图尔特·密尔，《论政治与文化》（*Essays on Politics and Culture*, New York: Doubleday, 1962），第 186 页。

- 因此，儿童的道德教育和社会教育将受益于在课堂上进行哲学探究的经验。[1]

民主包含的信念是，只有通过真正的对话和讨论才能使存在分歧的意见和多样化的利益实现相互和解。自亚里士多德时期起，伦理学和政治学就被看作公共关切，一种在自治团体中通过批判性对话才能形成的实践知识。团体探究是一种对话的经验，鼓励参与者利用彼此的想法作为增进理解的基石。[2] 对许多儿童来说，这是一种一起探索观点和解决问题的独特体验。通过团体探究，他们可以学会以富有逻辑的和创造力的方式讨论基本道德问题，如自由、公平和友谊等，以及社会问题，如法律、秩序和政府的性质等。

政府的职能是什么？

有人问哲学家大卫·休谟（David Hume）："你认为政府的职能是什么？"他毫不犹豫地说："为最大多数人带来最大的好处。"

"最大多数是多少？"有人问他。

"数字一。"他回答道。

以下是与9岁孩子讨论同一个问题的部分内容：

莉萨：政府的存在是为了提供道路和学校之类的设施。

作者：如果政府不提供这些，会发生什么？

---

[1] 这一论点源于：P. 卡姆，《道德教育的一种哲学路径》（"A Philosophical Approach to Moral Education"），《批判性与创造性思维》，1994年10月，第2卷，第2期。

[2] 公民基金会（Citizenship Foundation）出版了社会和道德教育材料，为团体探究的开展提供了良好的起点。也参见："社会和情感方面的学习"（Social and Emotional Aspects of Learning，简称 SEAL），DfES，2005；以及英国"解毒剂"（Antidote）机构的工作。

> 莉萨：如果他们不提供，你就选一个新政府。
>
> 乔：政府可以做你自己不能做的事情。比如，保护你免受敌人和骗子的伤害。这就是警察的职责。
>
> 安妮特：是的，但是警察不是政府。这是议会做的事，而我认为议会控制着警察。
>
> 作者：好的。那么，政府最重要的工作是什么？
>
> 弗格斯：保护人们不受窃贼之类的伤害。
>
> 米兰达：政府是来照顾你的……
>
> 乔：……当你不能照顾好自己的时候。

但是，这种团体探究应该采取什么形式呢？维克托·奎因强调了激怒和挑战的作用，即教师采用的"魔鬼代言人"（devil's advocate）策略。[1] 他对一群小学生说："看，我比你们高大，也比你们强壮，我的喊声也比你们大。所以，如果我们有争论，我会赢，不是吗？"一个孩子回答说，"不，你不会赢，因为你是不对的……"讨论就这样开始了。于是，他向教师提出了一个挑战："如果你相信言论自由，那么就在学校给纳粹党一个平台来解释他们的所作所为。"如果一项道德教育项目不被视为灌输，难道不应容许所有道德观点的表达吗？一个民主国家允许表达不民主的意见吗？教师是否应该对什么是对的和什么是错的"坦率"地表达自己的观点？我们是否应该寻求平衡每一个道德争论？我们应该扮演"魔鬼代言人"吗？或者是否有更好的方法来鼓励孩子们进行灵活的道德思考，以及鼓励他们思考什么是正确的？

课堂上的哲学教师可能对这些问题的答案持有不同意见。但他们一致认

---

[1] 维克托·奎因，《培养儿童的批判性思维》（*Critical Thinking in Young Minds*, London: David Fulton, 1997）。

为，在团体探究中进行讨论可以鼓励和支持儿童寻找生活的意义和目的，以及他们赖以生活的价值观；除此之外，这种讨论还能促进儿童对个人身份和团体意识的探索。形成理解的关键要素之一是良好的沟通。课堂上的哲学理论与实践的共同目标是，培养学生的听说技能，但更重要的是，促进儿童的好奇心、让他们进行提问和运用想象力，这三个方面对激发学习动机至关重要。道德的滋养与理性的发展之间有着密切的联系。对孩子们和我们所有人来说，重要的不仅仅是知道什么是好的，而是回答"为什么我应该或者做好的事情"这个问题的能力。道德复兴的最佳途径可以通过在团体探究中通过培养谨慎的思维来实现，而道德推理的技能有助于儿童形成道德观点（如表3.1所示）。

表3.1　有助于形成道德观点的道德推理技能

思维技能	关键问题
想象力——考虑所有的因素、动机和结果	"我们想过……吗？"
同理心——将心比心	"如果……你会有什么感觉？"
可普遍化——验证规则的含义	"如果每个人……怎么办？"
预期结果——目的和手段	"如果你……怎么办？"
对情境的感知——特殊情况、实例	"什么时候/在哪里……有关系吗？"
假设推理——考虑其他可能性	"还有其他的选择呢？"
给出好的理由——用理由支持判断	"这个理由够充分吗？"
一致性测试——反应和信念	"这种行为与信念相符吗？"
规划理想世界——道德/社会/文化理想	"这是你想生活的世界吗？"
规划展现理想的自我——对自我的道德理解	"这是你想成为的那个人吗？"

评估团体探究的进展

在试图评价任何道德文化的发展时都存在一些问题。诸如欺凌、破坏或盗窃程度可能存在特定的标志，对此我们可以加以利用。其他可观察到的特征包括个体和群体行为中互惠的证据。互惠体现在讨论的"给予和接受"以及团体探究的合作性质。这些互惠关系将我们的自我思想、情感和行为与他人的思想、情感和行为联系起来。道德发展意味着使儿童能够发展一套既与自我利益有关的个人价值观,也与他人利益有关的公共价值观(如图3.1所示)。

自我

道德生活的关键要素之一是自主。自主是自我管理的能力。有证据表明,如果孩子能够独立思考,例如,接受少数人的观点或挑战他人的观点,孩子就是自主的,因此他们的思想和行为是真正属于他们自己的。对于一些哲学家来说,这种不受外部控制的自由是实现真正的有道德的人的必要条件。其他人则认为,这种自由是一种幻觉,所有的行动都是由社会因素和个人因素决定的。然而,尽管我们可能不知道影响儿童的所有个人、社会或文化因素,但我们可以观察到他们在推理、论证或陈述事件的能力方面取得进展的证据,还可以看到他们在独立思考和学习方面的证据。孩子们通过对自己的思想和行为负责表现出独立的判断能力。这方面的证据可以从坚持论点和自我纠正的能力中看出,这种自我纠正表现了他们在面对反对时推理的灵活程度以及对承认错误保持开放的态度。

证据表明,当孩子们在进行独立思考时,当他们试图理解自己的性格、优点和缺点时,自主性就会在孩子身上表现出来。它表现在孩子自尊意识的发展,以及他们对自己应该如何生活负责的意愿。自主可以在以下问题中得到体现:

- 我到底在想什么?
- 我对自己(或对现状)感觉如何?
- 我想过什么样的生活?

- 我想成为什么样的人？
- 我的价值观和优先考虑的事情是什么？

以下来自教师的评论表明了儿童自主意识的日益增强：

这是我第一次听到贾斯比尔主动提出自己的观点。

当科丝蒂改变主意并纠正了之前对朋友的定义时，她已经表明她能够进行自我纠正。

当保罗坚持自己的意见并且反对他人的观点时，他确实表现出了信心。

他人

互惠的另一个标志是同理心：在情感和认知上与另一个人"步调一致"的状态，尤其是理解他们的处境。

我们通过自我意识（自主）和与他人的关系（联系）来展示我们是谁。人类生活的悖论在于，我们既是独立的个体，但同时也是文化的一部分。我们是独立的个体，但我们的成就是在与他人的关系中实现的。我们是谁，部分是由我们所处的文化和我们所形成的关系组成的。自我与他人的这种对立反映在两种民主观中，一种认为民主是个人追求自身利益的自由，另一种认为个人本质上是团体的创造者。在任何团体中，我们的自由权利与我们对他人的责任之间都存在着紧张关系。在团体探究中，自由的权利有两种表现形式，一种是言论自由权利（即使你错了），另一种是保持沉默、跳过、倾听和不发表评论的权利。对他人的责任是通过关怀他人的行为表现出来的。

关怀需要运用道德想象力，这是一种创造和预演可能情境的能力，是进行思想实验的能力，例如把自己放在别人的位置上。我们将关怀他人并理解他人的想法和感受称之为同理心。这种相互联系的意识，即孩子们意识到他们是许多人中的一员，像其他人一样有兴趣和欲望，是对偏见和以刻板印象看人的必要反衬。体现同理心的问题包括：

- 你（或那个人）会有什么感觉？
- 如果这件事发生在我（或你）身上，我会有什么感觉？
- 如果你是另一个人，你会怎么想？
- 我是否确保了（在确保）所有人都有平等的机会？
- 我如何向别人表示我尊重和重视他们？

教师在讨论中所注意到的关怀行为的例子包括：

赛义德在坚持每个人都有发言机会方面做得很好。

卡伦表现出同理心的一个例子是，她说，"想象一下成为那个人会是什么样……"

最重要的是，每个人都在认真地听别人发言。

社会及其之外

第三个相关的因素是自我的"去中心化"能力，从一个俯视的角度纵观全局的能力。G. H. 米德称之为"广义的他者"，辛格称之为"宇宙的观点"（the point of view of the universe）或可能被称为"超越"（transcendence）的观点。这指的是超越个人或群体利益去思考在特定情况下对任何人来说什么才是正确的能力。超越是指对正义概念和公平原则的意识。一些道德理论家如康德和科尔伯格认为，道德推理的最高形式在于形成普遍原则或义务。另一些人则认为，超越是寻求在特定的情况下什么对人们来说是好的、正确的或公平的。

超越是指对超越个人利益和欲望的权利和价值的意识。超越包括更广泛的社会和终极的世界观，超出了诸如朋友和家庭的个人或团体利益。它是认识到人类的关系不只是彼此之间的关系，也包括人类与自然的关系以及理解我们对其他物种的责任。体现一系列超越价值的问题包括：

- 这样做会有什么后果？
- 这种行为（或信念）意味着什么？
- 正确的做法是什么？
- 这种行为在任何情况下都是正确的吗？
- 涉及什么原则、价值或道德？

教师在评估学生在参与课堂上的哲学讨论的贡献时发现的他们具有普遍道德价值意识的例子如下（也见表3.2）：

安妮提及"己所不欲，勿施于人"的原则。

我喜欢克里说的那句话，如果这个规则适用于你，那么它也适用于每个人。

保罗不只是说这是公平的，他还给出理由说明了为什么这是一条公平的规则，以及在什么情况下这条规则适用。

创造性思维和道德思维之间的联系可以总结为需要鼓励富有想象力的推理。正如一个孩子在一次讨论中所说:"没有想象力,你无法画画,你无法阅读……没有想象力,你什么也做不了。"如果孩子们不仅要看到自己与当下现实世界中他人的关系,而且要看到自己与应然世界的关系,那么运用富有想象力的推理是必要的。在他人的帮助下,团体探究可以帮助儿童超越现在,不仅对现在是什么而且对可能是什么建立一种理解。参与一个探究团体的目的是为儿童提供他们所需要的工具来质疑他们的处境,并开始寻求建设性的方法来改变或转变这种处境。正如一个孩子所说:"我们可以创造一个更美好的世界……问题是:'我们从哪里开始?'。"

表3.2　与关键道德问题相关的道德教育要素

一个有道德的人的特质	道德教育原则	关键问题
自主	独立思考	对我来说,什么是正确的?
同理心	关怀他人	对其他人来说,什么是正确的?
超越	坚持公正原则	对所有人来说,什么是正确的?

哲学探究团体是一个儿童愿意讨论重要问题的团体,这些问题与他们在日常生活中如何生活和学习有关。在这个过程中,出现了变化的迹象。孩子们学习如何反对没有根据的主张和薄弱的推理,学习如何在他人想法的基础上形成并发展自己的观点,学习如何形成挑战和扩展他们思维的其他世界观。因为这是一种哲学探究,关注于日常经验的基本概念,比如时间、空间、真和美。当孩子们探究这些概念时,他们需要学习如何问相关的问题,发现假设,识别错误的推理,并获得理解世界的能力。

在一个良好的示范下,孩子们开始内化探究进程,他们开始承担起运作和评价这些课程的责任。此时,教师的角色从领导者变成了教练和参与者。

在评价自己的课程、制定课程的运作规则和判断课程的标准时，孩子们发展了自我纠正和自我管理的能力。团体探究提供了一个发挥作用的道德团体的生动模型。

团体探究中的进展评估

一位教师对她哲学课上 6—7 岁孩子的进步情况进行了评估：

虽然不可能将他们在哲学课上取得的进步与他们在其他课程中取得的成长和成熟分开，但我觉得孩子们对这些哲学课做出了积极的回应，主要表现在以下几个方面：

- 他们在课上的总体行为有所改善。
- 他们越来越愿意倾听其他孩子的想法，与其他孩子交往的想法增加了。
- 他们似乎越来越愿意勇敢地说出自己的想法，分享自己的想法。
- 他们有更加复杂的观点，并且表达得更清楚。
- 几个安静或害羞的孩子提供了宝贵的贡献。
- 课上表达出的原创想法越来越多。
- 孩子们似乎变得更加和谐。

在过去的一年里，我越来越相信如果把儿童哲学作为整个学校的教学方法，它将产生真正巨大的影响。这样，我在这门课上看到的所有优势都可以得到扩展和倍增。

团体探究取得成长的特征之一是，从二阶话语（second-order discourse）向一阶话语（first-order discourse）的转变。一阶话语是与我们个人生活直接相关的实质性问题，涉及的过程包括个人对概念的定义、通过个人叙事阐明个人意义以及对个人概念框架的分析。决定一次讨论是不是一阶话语的标准包括个人的交际关联。一阶话语的重点是个人理解的发展。此类话语的例子包括讨论个人对友谊的定义或与课堂团体运作方式相关的规则。二阶讨论主要是关于他人话语的讨论，通过对给定文本、观点和定义的分析，阐释他人的意义，而不是自己的意义。二阶话语的重点是发展对他人、情境和叙事的理解。儿童哲学提供了参与一阶话语和二阶话语的机会。

对话式学习

团体探究的另一个特点是教师参与讨论。一个成熟的团体探究表现为教师干预的性质发生了变化，学生在讨论中表现出的自主性和关怀也在增长。表 3.3 总结了课堂团体中出现的成长的一些特征。[1]

真正的价值观就像所有的道德观点一样，最好是通过反思和持续的探索来创造和检验。团体探究提供了一个行动中的价值模式，也提供了一个就价值做出批判性探究的机会。因为价值观根植于探究的进程和道德惯例中，所以团体探究可以成为一种强有力的道德教育手段。这些都是道德推理的理性热情（如表 3.1 所示），没有它们，一个探究团体就无法成功运作。在团体探究中实践的价值观成为了你是谁和你关心什么的一部分。有人曾经说过，教育是当你忘记了你所学的一切时所记得的东西。

在一个探究团体中，孩子们通过参与学到的东西和他们从自己所说的话中学到的东西一样多。正如一个孩子回忆起他前一年参与探究时说的那样："我记得我们在哲学课上是如何交谈、问问题的，每个人都要轮流发言，思考别人说了什么，但我现在记不得他们说了什么了。"

---

[1] 更多关于评估和评价团体探究中表现出的成长的内容，请参见：L. 斯普利特（L.Splitter），A.M. 夏普，《促进更好思考的教学：团体探究》（*Teaching for Better Thinking: Community of Inquiry*, Victoria, Australia: ACER，1995），第 148 页之后的页码。

表3.3　课堂团体探究中的成长特征

团体的早期成长阶段	团体的后期成熟阶段
1. 教师控制进程	教师和学生平均分担程序责任
2. 教师主导讨论	学生参与讨论的比例越来越高，例如，在讨论的基础上提出问题
3. 教师介绍对话和推理的词汇	学生使用对话和推理词汇（见附录4）
4. 教师评价学生的回答和讨论的质量	学生评价自己、他人的贡献以及小组的进步
5. 课堂讨论通过教师的引导进行	课堂讨论通过更多的学生合作对话进行
6. 刺激物侧重于教师选择的出版材料	刺激物包括范围更广的材料，有些是学生选择的
7. 教师依靠出版的材料开展后续活动	教师创建自己的后续活动
8. 专注于把整个班级作为探究团体	采用更灵活的讨论小组
9. 教师在哲学上是谦逊的，即表现出"学术无知"	教师更多地参与讨论，学生表现出"学术无知"
10. 哲学讨论局限于课堂时间	哲学讨论延伸到课堂之外，例如通过日记、作业进行

团体探究

以下是一些有助于反思和讨论团体探究的问题：

- 你认为"良好的道德行为需要什么样的社会习惯"？如何在一个探究团体中培养这些习惯？
- 什么是团体？如何创建一个团体？
- 做一个道德的人是什么意思？如何教授道德价值观？
- 通过参与团体探究，孩子们可以学到什么？

第四章　促进思考的故事

然后，一个中心论题开始出现：人在他的行动和实践中，以及他虚构的作品中，本质上是一个讲故事的动物……讲述渴望真相故事的人。但人类的关键问题不在于他们的作者身份；我只能回答关于"我该怎么做？"的问题，如果我能回答之前的问题，"我在哪篇故事或哪些故事中找到自我？"……剥夺孩子们的故事，你让他们在他们的行动中，就像在他们的言语中一样，没有脚本，变成焦虑的口吃者。因为没有办法让我们理解任何社会，包括我们自己的社会，除非通过理解构成社会的最初的戏剧化的大量故事。

——阿拉斯代尔·麦金太尔，《追寻美德》

我喜欢讨论故事，因为它让我有机会与他人分享我的想法。

——丹妮尔，9岁

保罗是一个不爱阅读的人。7岁时，他阅读简单的词语都有困难。他很少会自愿看一本书，而且他似乎并不热衷于学习他称之为哲学的新课程。当轮到他读故事的下一部分时，他说"跳过"。当坐在那里听别人讨论这个故事时，他突然举起手来说："我明白了，"他说，"我们不应该读故事，我们应该思考一下！"从那时起，保罗成为"思考故事"课程的参与者，在这类课上，阅读不仅仅是解析页面上的文字，还要思考文字的含义。保罗现在可以作为读者和分析者参与其中，并不断实践一个具有读写能力读者所特有的技能。

长久以来，故事一直被视为学校里讨论、研究和解决问题的天然刺激物。[1] 故事是孩子们学习哲学最常见的起点，也是发展思维、学习和语言技能的自然手段。要成为一个有文化、民主、多元文化社会的充分参与者，未来的公民需要掌握反思能力、批判性思考能力，能够质疑他们所获得的信息，并在解决问题的方法上保持灵活性和创造性。如果我们的目的之一是让儿童成为批判性的思考者和阅读者，那么我们需要向儿童展示批判性阅读的模式，并将他们引入实践和重视高阶思维的环境中。我们这样做有很强的教学理由。对读写能力最强的儿童进行的研究表明，他们拥有一些成功学习者所具备的知识、技巧或能力。[2] 这些包括：

- 拥有文学形式、目的和体裁方面的知识，包括元语言学知识；
- 处理文学知识的技能和策略，包括提问、审问和讨论叙事文本的能力；
- 能够将他们的叙述探究技巧运用到其他情境中的能力。

---

[1] 参见：K. D. 卡瑟（K. D. Cather），《通过讲故事来进行教育》（*Educating by Story-Telling*, London: George C. Harrap & Co., Ltd., 1919）；K. 伊根（K. Egan），《以讲故事的方式进行教学》（*Teaching as Storytelling*, London: Routledge, 1986）。

[2] 关于读写能力和元认知之间的关系请参见：R. 加纳（R. Garner），《元认知和阅读理解》（*Metacognition and Reading Comprehension*, Norwood, NJ: Ablex, 1987）；D. 雷（D. Wray），《读写能力和意识》（*Literacy and Awareness*, London: Hodder/UKRA, 1994）。

为何使用故事？

叙事理解是最早出现在儿童大脑中的一种能力，也是最广泛使用的一种组织人类体验的方式。故事的力量在于它们能够创造出可能的世界，作为智力探索的对象。故事把我们从当下的世界中解放出来，它们是知识的建构，但它们也像生活一样栩栩如生。故事挑战人类的智力，但也植根于人类关注的问题之中。故事提供了一种了解世界和了解我们自己的手段。难怪它们是每个人类社会的主要教学手段。

人类所有伟大的故事都涉及处于不同发展阶段人们的关切和需要。它们是"多义的"，也就是说，它们内部有一层或多层的意义。随着我们经验和洞察力的增长，我们会意识到这一点。我们可以一次又一次地求助于故事，以获得关于我们所知道和相信的基本哲学问题、关于正确和错误、关于人类关系和自我问题的新见解，所有这些问题与生活中各个年龄和阶段的人都息息相关。我们与故事相关的一个原因是，它们为我们自己的生活提供了隐喻。正如7岁的安妮所说，"故事是可能发生在你身上的事。"

人生可以被视为一个故事，一个每个人都参与其中的叙事结构。在存在主义的术语中，死亡这一事实赋予了生命叙事结构。要理解故事或人类生活的叙事结构，不仅需要运用人类的理性，还需要伊根（Egan）所说的"孩子的另一半"，即想象力。当杜威通过经验实施教育时，他设想这种经验应该包括从故事中获得的富有想象力的经验。但什么是故事，应该从故事中获得什么样的经验呢？

伊根认为，故事的一个决定性特征是，它是一个"语言单元，其最终能够确定构成故事的事件的情感意义"[1]。在一个精心编织的故事中，我们的情感反应是由故事中的事件精心策划的。伊根将这种"情感意义"视为故事情节的独特特征。[2]正如伊根所说，产生这种情感力量的一个原因是，故事具有生活和历史所缺乏的一个重要特征：它们有开始和结束，因此可以确定事件的意义。从某种意义上讲，故事是"既定的"，而生活则不是，因为它的混乱和不完整。不同于日常事件的复杂性，故事有结尾。它们之所以成为故事，是因为它们的结局完成了（在理性意义上）或满足了（在情感意义上）任何在开始时介绍并在中间阐述的内容。正如卡夫卡（Kafka）所说："生命的意义在于它会停止。"也如希腊人所说的那样："人未死不能称他为快乐。"或者用 8 岁的阿比盖尔的话说："在故事里，你不知道最后会发生什么，但你知道你会发现的。"

伊根所指的是简单的传统故事形式。他的分析不太完善，需要加以补充，以便既考虑到历史和其他因素以虚构／事实的形式混合在一起的更为复杂的叙述，也考虑到李普曼哲学小说的弱化叙事。然而，情感反应可以看作故事的特征，也是每一种审美体验的特征。一个好的故事唤起了皮尔士所谓的"智力上的同情，一种一个人可以理解的感觉，一种合理的感觉"。美国学者贝特尔海姆（Bettleheim）在谈到童话故事时说，孩子的选择不是基于对与错，而是取决于谁引起了他的同情，谁引起了他的反感。对伊根来说，故事的情感力量在于爱／恨、生／死、希望／绝望、好／坏、真／假等的二元对立面，体现在传统神话、童话等最强有力的故事中。这些二元对立作为结构手段、故

---

[1] 参见：K. 伊根，《故事形式和意义的组织》（"The Story Form and the Organization of Meaning"），出自《小学理解力》（Primary Understanding, London: Routledge, 1988），第 96—129 页。
[2] K. 伊根，《什么是情节？》（"What Is a Plot？"），《新文学史》（New Literary History），1978 年，第 9 卷，第 3 期，第 455—473 页。

事基础语法中的句法要素,提供了对于文本意义的参考点。

故事不仅在情感领域具有强大的功能,而且为认知加工提供了潜在的复杂挑战。由于一个故事包含许多不同的元素、对象和关系,是以特定的事件顺序展开的,所以对于年幼的孩子来说,它可能是他们经历中最复杂的思想对象。要掌握和消化一个故事,需要反复集中注意力和付出理解上的努力。儿童对故事的消化需要一种复杂的注意力和思维,儿童要注意到整个故事及其无数不同的部分,也是儿童对故事的情感做出的反应。对于年幼的孩子来说,这个故事是孩子可以依赖的一个现实,这也许就是为什么正确地选择故事并重复地听是如此重要的原因。后来,孩子们了解到,故事可以以不同的形式创作、改变和再创作。复述故事和重构故事是利用故事进行哲学讨论的一种方式。认知挑战的一部分不仅来自对故事叙事要素的理解,而且来自故事与现实之间的各种可能的关系。通过反复研究一则叙事,我们可以了解更多关于这个故事的知识,但在哲学意义上,我们也可以更多地了解世界和我们自己。一位老师正在给她的班级朗读《小熊维尼》(Winnie the Pooh),到了小猪皮杰(piglet)的祖父据说有两个名字,"以防他丢了一个名字"这里,老师停顿了一下,问:"你能丢了一个名字吗?"孩子们停下来思考,有人开始摇头。突然,一只手举了起来:"如果你忘了,你就会丢了名字!"[1]

使用故事作为思考刺激物的主要好处之一是,一个好的故事可以激起课堂上孩子们的兴趣和参与程度。对于怀特海(Whitehead)[2]来说,这是他所主张的"循环学习理论"(Cycle of Learning)的第一个重要阶段:

---

[1] 罗伯特·费希尔编,《小学中的问题解决》(Problem Solving in Primary Schools, Oxford: Blackwell, 1987),第42页。
[2] 怀特海,《教育的目及其他》(The Aims of Education and Other Essays, London: Benn, 1932)。

- 第一阶段：浪漫阶段——涉及唤起兴趣和学习者的参与。
- 第二阶段：精确阶段——注重所学内容的细节。
- 第三阶段：综合运用阶段——应用和使用所学知识。

对于幼儿来说，用于思考的故事应该是浪漫的，让学习者参与到叙事中，更多地参与到学习中以及发现更多。在故事中，记忆、情感和想象之间有着重要的联系。如果一个故事是值得阅读的，那么孩子们就会在情感上投入其中。如果孩子们受到故事情节的影响，他们将参与其中阅读文本内容，并增强其思考和学习的潜力。

促进思考的故事：它们提供了什么？

促进思考的故事提供了以下手段：

- 通过接触熟悉的故事形式来热爱文学；
- 关于重要问题的批判性思考和讨论；
- 共享探究和经验的团体；
- 了解我们多元文化故事和书籍的意识；
- 对想象力、口头和视觉创造力的刺激；
- 了解语言及其形式和用途；
- 练习积极倾听和表达技能的机会。

故事中的幻想元素让孩子们能够通过强大的想象体验更清楚地反思真实的体验。唐纳森认为，存在着"一种基本的人类冲动，想要理解这个世界，并将它置于故意的控制之下"。她认为，对于儿童这种想要理解世界的冲动，

最好的情景是不要让他们与自己的经验世界完全"脱离"。当一个故事能够被儿童所理解时，它的优点是，故事中融入了对人物、事件和经历等人类的关切，但同时也为孩子提供了从直接的个人生活"抽离"的机会。他们能够通过观察和思考他人来看待自己。实现这一目标的过程可归纳为：

- 质疑故事：反复研究叙事文本或故事；
- 解读故事：寻找准确的含义，给出判断的理由；
- 讨论故事中出现的问题：找到问题的答案。

以下讨论的例子来自与6—7岁孩子一起探究《杰克与魔豆》(*Jack and the Beanstalk*)的故事。

杰克是个怎样的人？——思考角色

作者：杰克是个怎样的人？

费萨尔：他很聪明。

作者：为什么你认为他很聪明？

理查德：因为他爬上了豆茎。

作者：他为什么爬上豆茎？

钱特尔：他很好奇。他想看看那里有什么。

作者："好奇"是什么意思？

埃玛：这意味着你要找出你不知道的东西。

保罗：我认为杰克好奇又聪明，因为他想到了一种逃跑的方法，而且他很想知道豆茎上的东西是什么。

（在后来的讨论中，孩子们主要考虑了杰克是否贪婪。）

> 作者：你认为杰克是贪婪的吗？
>
> 凯莉：杰克是贪婪的，因为他偷了巨人的金子。
>
> 利：我不同意凯莉的说法。我不认为杰克是贪婪的，他是因为巨人杀死他父亲而惩罚巨人。他并不贪婪，他只是在做他认为正确的事情。
>
> 贾森：我同意凯莉的观点。偷东西是不对的，所以他是贪婪的。
>
> （讨论结束时，孩子们轮流总结他们的最终想法。）
>
> 亚历克斯：有时杰克很聪明，有时他很好奇，有时他很勇敢。确实像大多数人一样。

故事引发了什么问题？

艾斯纳（Eisner）认为，所有的学习都需要翻译人类的"想象力，以将其变成公开的、具有稳定形式的、可以跟他人共享的东西"[1]。故事和叙事文本是人类的建构。叙事问题的症结在于，叙事结构不同于逻辑或科学结构，可以通过经验验证或逻辑必要性标准来检验，叙事结构只能尽量达到现实的"逼真"程度。因为故事和文本是人类的建构，如果要让听者或读者觉得有意义，就需要翻译、批判性阅读和提问。故事的意义是不透明的，它必须在头脑中重建。叙事结构有几个要素是可以来研究的。

对故事进展的探究，如将思维过程应用于任何材料或经验，是通过问题的提出进行的。正是这些问题将注意力集中于探索和确立事物的意义上，通过这些问题，一个人不仅成为一个被动的旁观者，而且成为一个能够报告经

---

[1] E. 艾斯纳（E. Eisner），《艺术在认知与课程中的作用》("The Role of the Arts in Cognition and Curriculum")，载于：A.L. 科斯塔（A.L. Costa）编，《发展心智：思维教学资源手册》(*Developing Minds: A Resource Book for Teaching Thinking*, Alexandria, VA: ASCD, 1985)，第 169—175 页。

验的证人。索伦·克尔凯郭尔（Søren Kierkegaard）在 1837 年写道，给孩子们讲故事的程序应该"尽可能地是苏格拉底式的，一个人应该在孩子们身上唤起一种提问的欲望"。但是，什么样的问题可以激发孩子提问的欲望呢？

可用于探究文本的不同类型的问题包括：

- 封闭式或事实性问题，明确质疑文本或经验的特征，通常要求在文字层面上命名和提供信息。这些问题通常以"什么……？""谁……？""什么时间……？""在哪里……？"的形式开始。
- 开放式或意见性问题，可能需要有关文本或经验的理由、意见或感受。这类问题通常以"如何……？"或者"为什么……？"的形式开始。[1]

课堂研究人员发现，在英语、历史、宗教教育和数学等课程中，事实性问题占主导地位，推理或开放性问题较少。只有在科学领域，他们才发现，推理问题占主导地位。事实性问题通常作为推理的开场很有用，应该被整合进一个更长时间的探究过程中。由于每一句话都融合在讨论的语境中，包括先前的话语和随后的话语，因此问题只能在广泛的对话中才能被充分理解。因此，在研究通过对话考查文本的例子时，我们需要关注的不是孤立的交流，而是对话中的"认知片段"（epistemic episodes）（有关课堂讨论的更多分析方法请参阅下文）。

---

[1] 关于课堂提问的更多研究请参见：J. T. 狄龙（J. T. Dillon），《提问的实践》（*The Practice of Questioning*, London: Routledge, 2000）。关于培养学生对问题类型理解的实用策略请参见：P. 卡姆，《问题象限》（"The Question Quadrant"），出自《20 种思维工具》（*20 Thinking Tools*, Camberwell, Victoria: ACER Press, 2006）。

决定一个问题的用途或功能的关键是它所引起的反应。哲学探究的目的是通过讨论来实现一种对隐含文本的开放式探究，唤起一种提供共同探究和推理证据的反应模式。然而，这种共同探究的整体顺序并不仅仅依赖于提出开放性或推理性的问题。各种各样的提问形式包括反问，比如"为什么那个角色会这样说？"以及在讨论过程中可能具有隐含疑问功能的陈述。提出假设的陈述，例如"他们所说的每一条规则都有例外"，可能是对别人做出判断的邀请，例如，"你能想到这样的一个例外吗？"[1]。

为什么在许多学习情境中是老师问问题，而应该问得最多的学生却保持沉默呢？这是因为儿童缺乏提出问题的能力，还是因为他们缺乏公认知识的权威，或者因为提问不是期望他们做的事？提问可能需要有足够的智力勇气：我的问题可能很愚蠢或不合适，所以最好等等看，问题是否会由其他学生或是老师提出来。因此，我们需要为儿童提供合理的对话实践，促进他们在提问方面的实践，并提供学生可以内化和应用的提问模式。关于使用提问的更多内容将在下一章讨论；我们在这里关注的是故事的问题特征，我们希望学生能够意识到这些特征，并通过他们提出的问题进行研究。

---

[1] 巴恩斯（Barnes，1990）发现，问题等话语的语言结构与它们在扩展对话中的作用存在差异。巴赫金[在《对话性想象》(*The Dialogic Imagination*)中]区分了话语的"中性意义"和"实际意义"。在对话中，听者的实际意义是在他们主动理解话语的原因、联系和推理中产生的。实际意义并不存在于话语中，它通过用心读或听词语来解释其可能性。实际意义只能在"同一主题的其他具体话语的背景下，由相互矛盾的意见、观点和价值判断构成的背景下"得到理解（巴赫金，1981）。要充分理解其意义，就必须理解话语产生的语境。在不断的交流中，对话的各个方面都包含在每个话语中。例如，一个封闭式问题可以起到让儿童把注意力转回到讨论上的作用。正如米切尔（Mitchell，1992）所观察到的，在特定情境下提供一个真实正确的答案时，学生可能会问自己，"为什么要问我这个问题？"一个开放式问题不能仅通过其语言结构来识别，而是需要与随后的话语和对话的认知大意相对照。

什么是故事？

对故事进行探究的讨论计划包括：

1. 故事常常以"从前"开头意味着什么？
2. 所有故事都有开头、中间和结尾吗？
3. 故事可以没有开头只有中间和结尾吗？
4. 一个故事可以没有结局，或者有不止一个结局吗？
5. 有些故事是真实的，有些是虚构的吗？
6. 你如何判断一个故事是真实的还是虚构的？
7. 有些故事是好的，有些是不好的吗——什么使得一个故事是是一个好故事？
8. 所有的故事都是某个人编造的吗？
9. 万事万物都有故事吗，比如，你的桌子、家、家人？
10. 可以故事里有故事吗？

（引自罗伯特·费希尔，《用于思考的故事》，第101页）

因为故事是人类建构的，如果要让听者或读者觉得有意义，就需要对其进行翻译。故事的意义必须在头脑中重建。叙事结构中有几个要素是可以进行反思、解释和讨论的。

以下是一个故事的某些问题特征：

- 语境
- 时间顺序
- 特殊事件

- 意图
- 选择
- 意义
- 讲述

语境

这是一个怎样的世界？

——马修，10 岁

故事是建立在虚构的背景下的，致力于为现实构造一个可能的世界，尽管是一个想象的世界。所有的故事在某种程度上都与人类对时间、地点和社会的体验有关。有些故事，如《伊索寓言》(*Aesop's Fables*)，存在于一个看上去几乎是永恒的普通事件构成的世界里。但即使是这些普通事件，也可能包含关于特定社会、历史和文化背景的讲述要素。任何故事的独特之处在于，它何时发生，发生在何处，发生在谁身上。这些角色将拥有独特的个人经历，但也会在特定的社会、文化和政治背景下发挥作用，并有着来自其特定文化背景的共同观点。关于谁在故事中以及发生了什么事的叙述语境，要求从字面上理解故事，但如果要完全理解所有隐含的意义和信息，还需要进一步的审视和解释。

帮助儿童理解故事背景的问题

这个故事是什么时候发生的？（历史背景：时间）

它是在哪里发生的？（地理背景：地点）

故事里有谁？是关于谁的故事？（叙事背景：人物的社会环境）

角色之间的关系是什么？（社会背景：关系/互动）

这些人物的感觉、想法和信念是什么？（经验背景：个人视角）

他们都有哪些共同的感觉、想法或信念？（文化背景：共同观点）

在故事里，谁有权力和权威？（政治背景：谁有权力）

与所有这些背景相关的一个关键问题是：

在那个时代、地点或社会里，它有什么不同？（将当时故事发生的背景与你自己的当下背景相比较。）

时间顺序

我想知道故事开始前发生了什么？

——克里斯托弗，9岁

所有的故事都表现出美国心理学家、教育家布鲁纳（Bruner）所说的"叙事历时性"（narrative diachronicity）。随着时间的推移，它们都表现出一种独特的事件模式。有时，这些事件是按时间顺序发生的，但它们发生在"人类时间"而不是"时钟时间"中，即在那个时间发生的事件的意义是取决于人类的。[1] 有许多惯例可以表示时间顺序，例如，"很久以前……"、闪回（flash-backs）、闪前（flash-forwards）等。要求孩子们重建一个故事的时间事

---

[1] 关于时间与叙事的关系请参见：J. 布鲁纳（J. Bruner），《现实的叙事建构》（"The Narrative Construction of Reality"），《批判性探究》（*Critical Enquiry*），1991年，第18卷，第1期，第1—22页；P. 里库尔（P. Ricouer），《时间和叙事》（*Time and Narrative*），K. 布莱米（K. Blamey），D. 佩劳尔（D. Pellauer）译（Chicago: University of Chicago Press, 1988）。

件，不仅仅是为了锻炼他们的记忆力，而是为了提供一项具有挑战性的任务，即重新建构叙事和创造意义。而且，任何一个让一群孩子用一个熟悉的故事来做这件事的人都会意识到，它可以为很多争论和辩论提供刺激物。

帮助儿童理解故事的时间顺序的问题包括：

- "从前"是什么意思？
- 谁记得故事里发生了什么？
- 在故事的开始/中间/结束时发生了什么？

特殊事件

为什么事情会这样发生？

——唐，8 岁

故事是由布鲁纳所说的"特殊性"（particularity）原则决定的[1]，也就是说，故事把特殊事件作为实际参考。这些特殊事件可以分为不同的类型和体裁。每一个特殊事件以及事件集或模式，都是可以解释的。一个故事的剧情通常发生在某种麻烦或冲突中。在任何故事中，都有一些与之特别相关的突发事件，这些事件造成了一种不平衡或不和谐，在这些事件中，生活问题的本质变得显而易见。故事的教育力量在于，通过解读来理解特定的问题，而不仅仅在于理解英国学者克默德（Kermode）所说的"安慰情节"（consoling plot）[2]。

故事中的事件构成了一种体裁，这是一种松散但传统的方式，即在叙述

---

[1] J. 布鲁纳，《现实的叙事建构》，《批判性探究》，1991 年，第 18 卷，第 1 期，第 1—22 页。
[2] F. 克默德（F. Kermode），《终结的意义》（*The Sense of an Ending*, Oxford: Oxford University Press, 1966）。

中表现出人类处境的一般方面。文本的体裁也许值得商榷，实际上任何文本都可能涉及多个体裁。体裁不仅仅是文本的一种属性，也是一种解释和理解文本的方式。因此，一个故事或任一事件可以有不同的版本。事实上，在一个叙事中，一个故事或事件可能有不同的版本，不同叙述版本之间的协调对于理解社会和理解小说的本质是至关重要的。这种理解叙事本质的过程是渐进的，但可以通过反思和解释构成故事的特殊事件来辅助理解。

以下问题可以帮助你理解故事中的特殊事件：

- 它是什么类型的事件／情节／故事？
- 这件事为什么会发生／是什么引起的？
- 到底发生了什么？
- 会发生什么？
- 应该发生什么？
- 接下来会发生什么？

意图

她为什么这么说？

——拉吉夫，9岁

故事讲的是人（或动物、机器人、神奇生物等），故事的创作是有意图的，如谈到信念、欲望、理论、价值观等。问题的产生是因为并不总是清楚既定角色的意图，即使很清楚，这些意图也不一定决定了事件。因为意图和行为之间的联系是松散的，叙事不能提供完整的因果解释。人类的意向预设了选择的要素或选择的自由。我们只能通过自己的经历来感受故事中的人物在特定情况下的感受，以及故事中所发生事情的原由。从某种意义上说，每一个外在的冒险都有一个内在的冒险，它表现在人物隐藏的心理过程中。

这种解释性对话的重要性不仅与文本知识有关，而且与儿童对其他思想的理解有关。因此，它既具有元认知功能，又具有辅助思考思维的哲学功能。

这样的解释性讨论可以通过以下问题来进行：

- X 相信什么？
- X 想要什么？
- X 是怎么想的？
- X 想让别人怎么想？
- X 会给出什么原因？
- X 认为 Y 应该做什么？
- 为什么 X 会这么认为？
- X 希望会发生什么？

选择

他们有任何选择吗？

——安东尼，9 岁

故事的部分力量在于它的"叙事驱动力"（narrative drive），即我们对接下来会发生什么事的预期快乐。这部分是因为，我们知道故事中的事件就像生活中的事件一样，是不可预测的，部分是因为人类在生活或叙事中必须做出选择。所有的情节都有决定性的时刻，这可能涉及一个角色做出的选择或决定，即对邀请、威胁或挑战做出的回应，会改变故事的发展路径。英雄应该开始远征吗？《睡美人》（Sleeping Beauty）中公主的父母应该告诉她女巫关于刺伤手指的诅咒，还是干脆让她远离纺车？当决定源于人类的意图时，那么这些行为将产生道德后果，也可能产生不可预见的后果。因此，任何故事都可以成为道德或伦理探究的载体。这个故事提出了什么道德问题或困境？谁对发生的事情负责？有什么后果？

将注意力集中在故事中的决策或选择的问题包括：

- 这个故事中的决定性时刻是什么？
- 需要做出哪些选择或决定？
- 谁必须做出选择？
- 他们能做什么？有哪些选择或决定？
- 他们应该怎么做？你会做出什么选择？
- 他们做出了哪些选择？后果是什么？
- 那是正确的选择吗？为什么？

在反思了一个故事发生的道德背景后，我们可能想问，这些道德背景是否与我们自己的生活有关，以及是否可以从这个故事中得到任何道德方面的信息。

意义

这个故事是什么意思？

——霍莉，7岁

一个成功的故事是一个整体，它具有连贯性，能像任何一个整体结构一样用来研究。布鲁纳使用"阐释结构"（hermeneutic composability）这个术语来指代作为一个整体的文本的意义或功能。[1] 不幸的是，"阐释的"这个词意味着一个故事或文本是一个结构，通过这个结构，某人试图表达一个意义或者从中提取一些"信息"。然而，没有一种方法可以确保赋予一个故事意义的"真实性"，也没有任何方法可以从逻辑上或经验上说，一个故事的组成要素可以构成一种意义。正如布鲁纳所说，在任何故事中，在整体和部分之间，在结构和理解上，都存在着文本上的相互依赖。就组成元素而言，文本越复杂，文本或引用的歧义就越多。并非所有的故事都是如此。法国文学评论家罗兰·巴特（Roland Barthes）对比了"易读"文本，这是众所周知的经过良好安排的经典的一部分，就像常见的民间故事如"荒诞不经的故事"以及要求读者来解释模棱两可的要素以理解叙事意义的"书面"文本。[2] 然而，在大多数易读的文本中，都有一个与作者意图相关的元话语——为什么要讲述这个故事，以及政治与社会条件的背景问题：关于故事在何时何地发生的背景知识。每个故事都存在于一个世界里。这个世界与我们的世界有何相似或不同之处？

帮助儿童解释故事意义的其他问题可能包括：

- 这是什么样的故事？
- 你认为是谁先写/说的这个故事？

---

[1] J. 布鲁纳，《现实的叙事建构》，《批判性探究》，1991年，第18卷，第1期，第1—22页。
[2] R. 巴特（R. Barthes），《形式的责任：关于音乐、艺术和表现形式的评论文章》（*The Responsibility of Forms: Critical Essays on Music, Art and Representation*, New York: Scribner, 1985）。

- 这个故事是从哪里来的？
- 你能想到这个故事的另一个标题吗？
- 你觉得这个故事是关于什么的？
- 这个故事有什么令人费解的地方吗？
- 这个故事告诉了我们什么？
- 作者 / 故事没有告诉我们的是什么？
- 这个故事的寓意是什么？
- 它和其他故事有什么不同之处？

讲述

谁在讲故事？

——阿西莫，8 岁

叙事分析的另一个要素是叙事情节与叙事方式的区别。[1] 体裁不仅是情节的一种形式，而且是一种叙述的风格。在某种意义上，只有一些基本的情节，但却有无限种讲述的方式。有人认为，"创造性叙事的功能与其说是'虚构'新的情节，不如说是让以前熟悉的情节变得不确定或有问题"[2]。从某种意义上讲，讲故事的人或作家的任务是使普通的情节变得陌生，使读者想去解读这个故事。任何故事都深受叙事传统的影响，但好的故事表现出创意，超

---

[1] 这种区别来自 W. 拉博夫（W. Labov），J. 威尔斯基（J. Waletsky），《叙事分析》（"Narrative Analysis"），出自：J. 赫尔姆（J. Helm）编，《语言和视觉艺术论文集》（*Essays on the Verbal and Visual Arts*, Seattle: University of Washington Press, 1967），第 12—44 页。
[2] J. 布鲁纳，《现实的叙事建构》，《批判性探究》，1991 年，第 18 卷，第 1 期，第 1—22 页。

越传统，引导人们以全新的方式看待事物。这可以是让情节变得曲折，也可以是转变叙述的方式。这包括对情节的评价——故事中发生了什么、为什么值得讲述以及它是如何讲述的。有些故事讲得很差；它们不像故事，被认为是"毫无意义的"。另一些则涉及内容或风格的创新——打破预期——以创造出独特而有价值的东西。

帮助解释讲述的问题可能包括：

- 这个故事有什么特别之处吗？
- 这是一个讲得很好的故事吗？
- 你听说过类似的故事吗？
- 这个故事有什么不同之处？
- 你能用另一种方式讲这个故事吗？
- 你将如何更改人物或事件？
- 如果你以不同的方式来讲述这个故事，这还是同一个故事吗？

阅读故事和听故事为思考创造了一个精神空间。但我们应该关心的是思考的质量。同样，所有优秀的虚构作品都能刺激人的思维活动，比如假设、猜测和判断。如果教师或阅读伙伴在故事结束后提出问题进行讨论，那么孩子们读的任何故事或书籍都可以成为一个用来思考的故事。许多最好的问题都来自孩子们自己。

通过在团体探究中对一个文本进行探究，孩子们了解到一个故事通常包含比他们最初想到的更多的问题，而问题（和答案）在一个动态的、可能永无止境的探究过程中将引发更多的问题。通过为孩子们提供合理且便于提问的论述练习，孩子们学会了如何质疑任何类型的故事或文本。但是，应该使用哪些故事或文本呢？某些类型的故事是否具有更丰富的探究潜力？

使用什么故事？

各种各样的故事和文本都可以用来激发与孩子在家里或学校的哲学讨论。在"小学中的哲学"（PIPS）项目中，以下类型的叙述材料被用作与6—12岁儿童进行哲学探究的刺激物：

- 哲学小说
- 传统故事
- 儿童文学
- 图画书
- 基于课程的叙事文本
- 诗歌
- 图片与照片
- 手工艺品与物体
- 戏剧、角色扮演与亲身经历
- 音乐与歌曲
- 电视节目与视频
- 事实叙事

哲学小说

最受小学生欢迎的哲学小说是李普曼的《小精灵》，它是非常适合8—10岁儿童阅读的作品。马修·李普曼写的第一部哲学小说《哈里·斯托特米尔的发现》仍然是他作品中最适用于 11—13 岁儿童的。其他的哲学小说也可用于与儿童进行哲学探究，包括乔斯坦·贾德（Jostein Gaarder）的《苏菲的世界》（Sophie's World），这本书面向的是 14—16 岁的孩子，它为青少年提供了一个结合哲学史的故事，并可以成功地用于激发与 7 岁儿童的哲学讨论。[1]

李普曼确定了适用于哲学探究的文本所必需的三个要求——文学上的可接受性、心理上的可接受性和智力上的可接受性。在文学上的可接受性方面，李普曼认为，文本的文学质量应该是"过得去的"。根据这一标准，许多参与"小学中的哲学"项目的教师和学生认为，李普曼的小说为哲学讨论提供了良好的起点，但缺乏足够的文学价值来维持学生的兴趣。李普曼认为，正是由于没有散漫的文学元素，哲学小说才有了清晰的智力关注点。他期待着有一天，主流作家会认为为儿童编写教科书是一种挑战。

李普曼认为，心理上的可接受性与故事的年龄适宜度有关。在谈到心理上的可接受性时，他表示，对儿童哲学项目的回应表明，所有年龄段的儿童都会发现复杂的观点如真、公平、善、正确等以及令人感兴趣的话题。

智力上的可接受性与文本的问题属性有关。对于李普曼来说，对话文本由建构的对话组成，可以包含模棱两可、含沙射影、反讽和许多其他散文所缺乏的品质。正如柏拉图和其他哲学家所发现的那样，构建的对话为智力挑战提供了机会。李普曼小说的特别之处在于，它们提供了对话探究和思考的模式，并播下了哲学困惑的种子。其他类型的叙事材料能提供类似的智力挑战吗？

---

[1]《苏菲的世界》（原版挪威语书名为 Sofies Verden）是乔斯坦·贾德于 1991 年出版的小说。它最初是用挪威语写成的，于 1995 年被翻译成英语出版，后又被翻译成许多其他的语言出版。

传统故事

民间故事和童话的讲述是一种跨越时间和文化界限的交流行为。它们既有娱乐功能，又有教育意义，是从文化上共享知识、情感、思想和想象的载体。童话故事在儿童的社会认知和心理理论发展中起着至关重要的作用，特别是在某些如《侏儒怪》（*Rumpelstiltskin*）之类的童话故事中，它的递归结构、心理状态词汇和元认知语言都相当复杂。角色通常不知道其他角色在想什么，许多人对其他角色的想法和感受持有错误的看法。简单的故事可能包含复杂和模糊的心理主题，这当然是为什么它们足以作为叙事的原因。

文学的目的，就像教育的目的一样，应该是帮助我们找到生活中的意义，特别是回答那些本质上是哲学的问题——"我是谁？""我为什么在这里？""我能做什么？"童话故事为孩子的想象力提供了新的维度。童话的寓意可以概括为：只要你有勇气，坚持不懈，你就能克服任何障碍，实现心中的愿望。讨论童话中人物遇到的障碍和问题，可以帮助孩子理解和克服他们在自己生活中可能遇到的障碍和问题。但有人认为，传统故事包含的信息是娱乐儿童，而不是解放他们。许多传统故事中都存在受压迫的故事模型，例如格林兄弟和安徒生的童话故事，这些故事限制了富有想象力的思考。在许多故事中，这种压迫的形式是儿童遭受某种形式的虐待，例如，被绑架、被遗弃或受到迫害。女性主义批评家反对传统故事中塑造的对女孩的刻板印象，认为消极的女性角色提供了不好的榜样。有人认为，像《灰姑娘》（*Cinderella*）这样的故事，会使被动的、忙于家务的女性要等待一位迷人的王子让她们的生活变得有价值的形象成为永久化的刻板印象。童话批评家提醒我们的是，我们需要对传统童话做出批判性回应，并拓宽儿童文学体验的范围。[1] 在探究团体中进行批判性的讨论可以帮助孩子们认识并质疑传统角色和刻板印象。

许多传统故事的内容可能存在问题，简单故事叙述的策略可能不能鼓励孩子批判性地思考故事及其所包含的信息。故事会带来解释上的问题，从某种意义上说，阅读永远不会结束，而是会不断地被审视和改变。故事是进行批判性和对话性探究的理想对象，也是叙事和文化形式批评的一种方式。许多现代故事和图画书挑战了文化的刻板印象和成人对世界的传统看法。一个探究团体可以为孩子们提供一个框架，鼓励他们关注语言的意义，寻找一般原则来解释故事中的具体事件，并挑战故事中的刻板印象。教师可以通过提问并鼓励孩子们提问来做到这一点，比如：故事讲了什么（字面意义）？故事传达的信息是什么（象征意义）？传统的故事和其他形式的虚构作品可以作为很好的讨论刺激物，甚至可以帮助非常年幼的孩子对故事和生活的复杂性产生哲学敏感性。

当5岁的孩子被问到仙女教母是否真实存在时，一个孩子回答说："在世界上，仙女教母是不真实的。但在故事中，她们是真实的。"大一点的孩子也能对传统故事中的复杂主题做出回应，并提出有趣的思考和讨论问题。

---

[1] 对童话故事价值的经典描述请参见：B. 贝特尔海姆（B. Bettelheim），《魔法的使用：童话故事的意义和重要性》（*The Uses of Enchantment: The Meaning and Importance of Fairy Tales*, London: Thames & Hudson, 1976）。对童话故事性质的更具批判性的观点请参见：J. 宰普斯（J. Zipes），《作为神话的童话／作为童话的神话》（*Fairy Tale as Myth/Myth as Fairy Tale*, Lexington: University Press of Kentucky, 1994）；J. 宰普斯，《富有创造性的故事讲述》（*Creative Storytelling*, London: Routledge, 1995）。宰普斯认为，讲故事既可以抑制孩子，也可以帮助他们找到自己的声音。

关于《灰姑娘》的故事，你能问些什么问题？

以下是由 10—11 岁的孩子建议的一些"思考问题"，以帮助更年幼的孩子们重新反思《灰姑娘》的故事：

1. 灰姑娘的两个姐姐为什么不喜欢灰姑娘？
2. 她们为什么嫉妒灰姑娘？
3. 她们为什么这么令人讨厌？
4. 她们是怎么想的？
5. 她们说了什么？
6. 灰姑娘感觉怎么样？
7. 如果你是灰姑娘，你会怎么做？
8. 为什么王子没有结婚？
9. 为什么国王要王子结婚？
10. 举办舞会是个好主意吗？为什么？
11. 什么是仙女教母？
12. 为什么仙女教母要去看灰姑娘？
13. 仙女教母是怎么变魔法的？
14. 真的有魔法吗？
15. 如果你有一位仙女教母，你会想要什么？
16. 为什么灰姑娘必须在 12 点（午夜）前离开？
17. 王子为什么会爱上灰姑娘？
18. 为什么灰姑娘的两个姐姐要假装能穿上鞋子？
19. 这个故事可能如何结束？
20. 他们从此过得幸福吗？

> **讨论《灰姑娘》的故事时可用于探究的一些哲学观点**
>
> - "嫉妒"一词是什么意思？
> - 人们是怎么想的？我们能知道他们是怎么想的吗？
> - 他们有什么感受？我们能知道他们的感受吗？
> - 他们为什么这么想、这么感受、这么说？我们知道是为什么吗？
> - 为什么人们要这样做？
> - 他们相信什么？为什么？
> - 他们想要什么？为什么？
> - 成为另一个人会是什么样子？
> - 他们这样做对吗？
> - 关于这个故事，你能问些什么（哲学上的）问题？

儿童文学

李普曼反对在教授儿童哲学时使用现有的儿童文学。他区分了儿童对字面意义（科学解释）、象征意义（童话、幻想和民间传说中常见的那种）和哲学意义（既非字面意义也非象征意义，但本质上是形而上学的、逻辑的或伦理的）的需要。他认为，儿童文学具有字面意义和象征意义，但不适合用于哲学探究，"哲学小说"才是最合适的选择。然而，许多优秀的儿童文学都包含了形而上学主题，如时间、空间和人的身份，涉及形式推理和意义解释的逻辑主题以及与行为的正确性和道德判断有关的伦理主题。也许李普曼的小说以一种更具解释性的方式表达了这些主题，但却牺牲了儿童文学中最具启发性、想象力的滋养品质。

在某种意义上，任何虚构的文本都可以作为哲学讨论的基础。在最好的情况下，阅读故事是一种讨论可能发生的事情的方式，是在外在的对话或想象的内心对话中问"如果"会发生什么。阅读为思考创造了一种精神空间。但我们应该关注的是思考的质量。阅读意味着思考意义，但正如英国儿童文学作家伊妮德·布莱顿（Enid Blyton）或英国侦探小说家阿加莎·克里斯蒂（Agatha Christie）的读者所能证明的那样，这样的阅读过程可以让人在一种自如且不加思考的情况下享受到乐趣，从某种意义上说，如果读书是富有想象力的再创造或再写作，那么我们需要让孩子们接触到最具挑战性的小说形式。我们也需要邀请他们成为批判性的思考者，提供机会让他们讨论和扩展文本中的意义。

叙事和论证是相互依存的。故事往往包含隐藏的论点。要理解夏洛克·福尔摩斯（Sherlock Holmes）或阿加莎·克里斯蒂的作品，我们需要对故事中事件背后的原因进行推理，从而向自己解释这些结论。同样，所有优秀的小说都能激发人们的思维活动，如假设、猜测和判断。如果我们把孩子们限制在他们内心的自我判断，那么我们就限制了好的文本所提供的可以做出心理反应的机会。阅读不一定是一个文本读完就结束了，而是可以通过反思、解释、讨论和创造性活动继续下去。文本对话的目的应该是加深对所读内容和世界的理解。团体探究中的讨论可以使阅读成为一种社交活动，让孩子们公开分享他们关于阅读的想法。但是，不是为了哲学目的而写的小说可以用于哲学探究吗？如果可以，哪种小说是合适的呢？

无论是经典儿童文学如《爱丽丝梦游仙境》（*Alice in Wonderland*）、《绿野仙踪》（*The Wizard of Oz*）和《快乐王子》（*The Happy Prince*），还是现代儿童文学如泰德·休斯（Ted Hughes）的《钢铁侠》（*The Iron Man*）和约翰·斯坦贝克（John Steinbeck）的《珍珠》（*The Pearl*），都可以用于与年龄较大的

孩子一起思考和开展哲学讨论。一种方法是选择你最喜欢的故事的一部分，准备一些关于它的问题，与孩子们分享和讨论。

> **关于卡夫卡的《变形记》，你会问什么问题？**

以下是一位老师设计的关于卡夫卡《变形记》(*Metamorphosis*)的一些问题，她与班上12—13岁的学生分享了这些问题：

- 想想这个故事有什么奇怪或困惑之处。
- 写下尽可能多的问题来回应这个故事。
- 思考这些问题可放入的哲学类别。
- 这些问题符合某些类别吗？是以何种方式，如何符合的？
- 你认为哪些问题是字面的（关于文本的特征），哪些问题是哲学的（关于有争议的概念和一般性问题）？

以下是一位老师列出的她将其归类为哲学的问题：

- 他怎么知道自己没在做梦？
- 是什么导致了他做出改变？
- 他为什么没有完全改变？
- 你能彻底改变吗？
- 变化和变形之间有区别吗？（为什么称之为"变形"）？
- 爱某人是否意味着允许他们改变？
- 改变是一种心态吗？

［注：关于卡夫卡《变形记》的第一部分取自罗伯特·费希尔《用于思考的故事》(1996)，第33页。］

与孩子们进行课堂讨论的摘录可见下文。

图画书

卡琳·默里斯在英国率先使用了图画书进行哲学讨论，她发现，好的图画书能激发各年龄段人们的思考和哲学探究。

李普曼的小说没有图画。他解释说，他一直拒绝在自己的小说中加入插图，因为他觉得这样做是为了孩子，插图应该是孩子自己来做的，即提供阅读和解释时附带的图像。的确，一本书中的图片与文字似乎没有直接的联系。这可能是因为语言和视觉是两种截然不同的智力形式，需要大脑的不同部位进行处理。正如李普曼所说，这种不连续性可能是因为插图是我们用"心灵之眼"所能看到的东西的一种贫乏的表现。然而，当高质量的图片和文字很好地结合在一起，就像在一本好的图画书中那样，它们可以为一个故事添加更好的意义，并提供一种非常好的与幼儿进行哲学讨论的方式。

包括李普曼在内的哲学家之所以避开插图的一个原因是，图画是非命题性的。图画不像句子那样包含命题意义。但是，意义并不是只有词语和句子才有。图画需要解读，以及对意义的积极建构。意义不是"既定的"，而是必须在观察者的头脑中重建（就像在不同的媒介中，文本的意义必须在读者的头脑中创建一样）。在像约翰·伯宁罕《你喜欢……》这样的图画书中，文本显示了一种意义，图画则显示了另一种意义。两种解释的结合便形成了一种挑战。许多图画书在文字和图片间制造了距离，迫使读者/观察者努力在它们之间建立一种概念上和叙事上的关系。没有文字的图画书可以为视觉思维和视觉语言翻译提供强有力的刺激。"我明白我的意思了，"7岁的萨拉说，"但我觉得很难把它说出来。"或者就像7岁的布伦登说的那样："我能看到的比我能说的更多。"

对于与年幼孩子以及偶尔用于与年长孩子一起开展的哲学讨论，图画书，特别是像大卫·麦基（David Mckee）的《冬冬，等一下》（*Not Now, Bernard*）和莫里斯·桑达克（Maurice Sendak）的《野兽国》（*Where the Wild Things Are*）这样的经典图画书，可以为哲学探究提供强大的思维刺激。[1]

基于课程的叙事

所有课程主题都包含叙事元素，可以作为哲学讨论的刺激物。用于思考的材料包括与历史主题相关的故事［如都铎时代凯瑟琳·霍华德（Catherine Howard）的故事］、艺术（如蓝白瓷器的故事）和宗教教育（如关于葡萄园工人的基督的寓言）。关于使用课程材料来激发哲学探究的更多信息请参见第七章。

诗歌

美国诗人罗伯特·弗罗斯特（Robert Frost）说："诗始于欢乐，终于智慧。"诗歌有简洁方面的好处。隐喻、意义和图像经常是被浓缩的。如果诗歌由"最好的词语以最好的顺序"组成，那么读者面临的挑战仍然是：这些词语意味着什么？这首诗讲的是什么故事？这首诗反应了什么问题？

"促进思考的故事"项目的一个组成部分是《促进思考的诗歌》（*Poems for Thinking*，1997），这本书提供了诗歌和指导，供读者在团体探究中进行批判性讨论。第七章将进一步讨论诗歌对哲学探究的作用。

---

[1] 关于如何使用图画书来激发 5—11 岁孩子的哲学讨论，请参见：J. 海恩斯，K. 默里斯，《图画书、教学法与哲学》（2012）；K. 莫里斯，J. 海恩斯，《故事的智慧：通过图画书来思考》（2000）；T. 斯普罗德（T. Sprod），《让书成为思想：团体探究》（*Books Into Ideas: A Community of Inquiry*, Victoria, Australia: Hawker Brownlow, 2002）。

图片与照片

艺术作品、艺术作品的复制品（如彩色杂志上的照片）以及流行的艺术形式（如卡通）或 YouTube 上的视频剪辑都可作为团体探究的基础。与文学一样，视觉艺术作品也可以从意义、意图和内容三个方面进行审视。在一个探究团体中通过共同交流和探讨图片、照片和艺术品可以丰富个人的审美体验。就像一个孩子在谈到他和同伴一起研究一张图片时说的那样："有时候我不知道自己在想什么，直到我开口说出来。"

对于艺术教育来说，艺术实践并不足以获得充分的艺术体验。孩子们需要扮演艺术家和批评家的双重角色。不加批判地吸收（或拒绝）视觉信息和不加思考地应用技能是不够的。学生需要深入地思考他们的审美体验：他们所听到的、所看到的和所做的。正如一个孩子在一次哲学探究中经历了关于艺术作品的讨论后所说的："我不知道如何谈论艺术，直到我们一起谈论它。我之前只会说'是的，我喜欢'或'不，我不喜欢'。现在我知道为什么了。"

教师需要提供专门用于艺术作品的讨论环节，并帮助孩子们近距离地观察、解读和批判性地讨论艺术作品。关于哲学和艺术之间关系的更多信息请参见第七章。

手工艺品与物体

任何物体或手工艺品都能引起好奇之人的叙述兴趣。有人曾经说过，如果你想知道关于任何一个物体的一切，你就会想知道关于每一个物体的一切。任何物体，无论是自然的还是人工的，都可以作为反思和探索的刺激物，成为智力探索的对象，例如，一把钥匙、一个旧信封、一支钢笔或一只旧鞋。关于所选物体，孩子们可以提出哪些问题，以及如何讨论这些问题中的哪些是哲学问题呢？

任何物体、产品或手工艺品都可以作为反思和探究的刺激物。一组 6 岁的孩子坐在一个思维圈里，在这个思维圈的中间，教师放了一颗花椰菜。"关于这颗花椰菜，你能问些什么问题？"教师问道。孩子们提出了许多评论和问题，包括："花椰菜会思考吗？""花椰菜想说什么？"和"做一颗花椰菜是什么感觉？"随后的讨论集中在人类和花椰菜的相似和不同之处。孩子们也许在这个过程中没有得出任何深刻的形而上学方面的见解，但也许再也不会以同样的方式看待花椰菜了！

一位带着 9—10 岁孩子开展哲学探究的教师在思维圈里传递着一个足球并说道："这是弗雷德。当它传到你那里时，你可以问它一个问题。"因为全班学生都习惯了团体探究的方式，所以几乎所有人都有一个关于足球的问题要问。这些问题都被记录了下来，并成为随后讨论的基础。这位教师说："我希望我班上的孩子们能够质疑故事、图片和诗歌，但我也希望他们能够思考和质疑身边的日常事物。"

戏剧、角色扮演与亲身经历

戏剧、角色扮演与亲身经历，例如，一次参观或目睹一次实验，都可以成为反思和探究的刺激物。一位教师利用参观当地教堂的特殊时间来反思这段经历的意义和价值。在探索了教堂的内部之后，她让孩子们坐下来并闭上眼睛，然后问道："你们是怎么想的？""你们的感受如何？""你们能听到什么声音吗？"孩子们坐下来沉思了一会儿，然后被要求把他们的评论、想法和问题记在笔记本上。参观结束后，这些问题将成为他们开展团体探究的基础。这种经历、反思、提问和讨论的过程也可用于其他特殊的时间、地点和事件。

戏剧可以让孩子们全身心地进行思考，以及从多种可能的视角积极参与叙事。孩子们不仅读过潘多拉魔盒的故事，还体验了触摸魔盒、揭开魔盒的盖子，以及魔盒中飞出的怨恨，他们获得了一种单靠听觉无法比拟的直接体验。没有思考和讨论时间的戏剧活动很快就会被遗忘。一次团体探究可以提供一个让人们反思戏剧和角色扮演的好机会。第七章将进一步探讨戏剧在表达和体现思想方面的作用。

音乐与歌曲

音乐与流行歌曲可以用来激发批判性的探究和讨论，并能帮助孩子探索对音乐的个人和叙事反应。一些流行歌曲，如约翰·列侬（John Lennon）的《想象》（"Imagine"），其歌词令人费解，很值得讨论。歌剧故事也可以作为音乐教育和哲学探究的刺激物，例如，莫扎特（Mozart）的《魔笛》（"Magic Flute"）或雅纳切克（Janacek）的《狡猾的小狐狸》（"Cunning Little Vixen"）。[1] 音乐探究的一个简单起点是播放两段对比鲜明的音乐，然后讨论儿童对音乐的智力反应和情感反应。更多关于如何创建一个针对音乐的团体探究的方法请参见第七章。

电视节目与视频

电视节目与视频提供了无尽的无反思性的娱乐消遣品。使用剪辑视频可

---

[1] 参见：J. 温亚德（J. Winyard），《狡猾的小狐狸》（"Cunning Little Vixen"），《思维教学与创造力》（*Teaching Thinking and Creativity*），2005 年春季刊，第 30—35 页。也参见：S. 利普泰，《谈谈音乐：在小学课堂上通过哲学探究培养儿童的音乐思维》（"Talking about Music: Developing Children's Musical Thinking through Philosophical Enquiry in Primary Classrooms"，2002），博士论文（未发表），布鲁内尔大学；S. 利普泰，《音乐课中的儿童哲学》（"P4C in Music"），出自：L. 刘易斯（L. Lewis），N. 钱德利（N. Chandley）编，《中学课程中的儿童哲学》（*Philosophy for Children through the Secondary Curriculum*，London: Continuum, 2012），第 12 章。

以作为媒体学习中促进儿童进行批判性讨论的刺激物，目的是帮助儿童成为积极的审视者，不仅是对于教育电影和视频，也包括流行文化的主流形式，如广告、肥皂剧和 YouTube 上流行的电影或剪辑等。对于任何一段视频，都可以提出这样的问题："它说了什么？""为什么这么说？""你能问些什么问题？"以激发讨论。

事实叙事

各种非虚构形式的叙事也可能具有哲学意义，例如，对世界上重大神秘事件的流行叙述、报纸每天提供的新闻和"故事"，这些都可以用于哲学探究和审视。研究两份报纸报道同一事件的方式，将为在文字层面和更广泛层面上质疑人类的知识、信念和道德背景提供足够的空间。正如一位教师在谈到"新闻板"时所说的，她一直在展示不断变化的新闻："我希望孩子们对他们所读和听的内容提出疑问。他们只有练习过才会这样做。没有比质疑当天新闻更好的方式来发起一次团体探究了。"

> **什么是哲学故事？**
>
> 约 6—7 岁（二年级）的孩子被要求找一本"哲学书"。一个孩子展示了她带到课堂上的哲学书：
>
> 作者：谁找到了一个可以向我们展示的哲学故事，是什么故事？
>
> 弗兰：《猫头鹰在家》（*Owl at Home*）。
>
> 作者：你能告诉我们这本书的内容吗？
>
> 弗兰：是关于猫头鹰的，这是关于一只猫头鹰的很多故事。
>
> 作者：我知道了，它有很多不同的故事。你能跟我们讲讲……其中的一个故事吗？

> 弗兰：这是关于一只猫头鹰的。有趣的事情不断发生在他身上，他不知道为什么。
>
> 作者：你能举个例子吗？
>
> 弗兰：风把门打开了，他不知道是谁。他看到床上有凸起，不知道它们是什么。他很伤心，他的茶壶里满是泪水。最后他与月亮交上了朋友。（弗兰向全班展示这本书。）
>
> 作者：为什么你认为这是一个哲学故事？
>
> 弗兰：因为奇怪的事情正在发生，他不知道为什么。
>
> 作者：当这些奇怪的事情发生时，他得做些什么？
>
> 弗兰：他必须思考这些事情。
>
> （后来，一个孩子总结了他认为一本书是哲学书的原因……）
>
> 作者：谁可以说说你们认为哲学书是什么样的书？
>
> 罗斯：哲学书指的是人们阅读它时必须思考，而且很难回答里面的问题或困惑的书。

如果教师或阅读同伴在阅读完故事后提出问题和就主题进行讨论，那么孩子们阅读的任何故事或书籍都可以成为一个用于促进思考的故事。许多最好的问题都来自孩子们自己。10岁的森德说："哲学课很好，因为你可以思考自己的问题，并试着回答别人的问题。"

邀请儿童提问

一旦故事被读完或复述后，教师可以邀请孩子们想一想这个故事，问问他们在这个故事中是否发现了令人费解或奇怪的地方。故事里有什么引起了他们思考的东西吗？他们有什么想问的问题吗？

当孩子们提出问题后，教师可以把它们写在黑板上，边写边给它们编号，并在问题旁加上孩子的名字以感谢他们的贡献。有时孩子们可能更喜欢陈述而不是提问。如果孩子不能把陈述变成一个问题，那么可以把它记下来作为一个可能需要讨论的陈述。然后教师可以对这些问题进行分组并组织讨论或分析。许多教师发现，菲利普·卡姆的"问题象限"是与孩子分析问题时的一个有用的工具（如图4.1所示）。

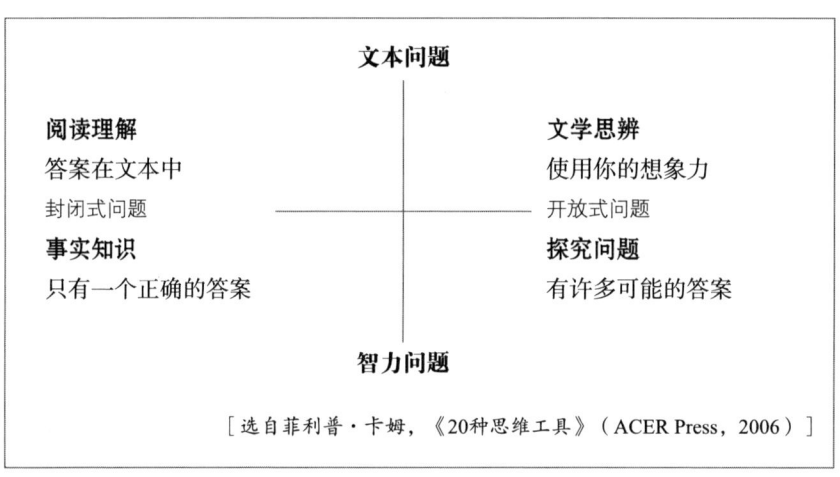

图4.1 问题象限

以下是三四年级学生（7—9岁）在阅读了猎犬格勒特（Gelert）的故事（《促进思考的故事》，第21页）后提出的三个问题。前两个问题是关于文本的问题，第三个问题不是关于文本而是关于生活的问题：

- 为什么这个故事是虚构的？（卢克）
- 为什么王子会急于下结论？（迈克尔）
- 你能使人（或狗）起死回生吗？（戴维）

例如，教师可能会让孩子们通过投票来选择他们想讨论的问题。这一次，教师选择了她认为最有趣、最有哲学意义的问题——卢克的问题："为什么这个故事是虚构的？"她以问卢克为什么要问这个问题开始。然后，她把这个问题变成了一个探究问题，她问道："为什么人们要编故事？"随着讨论的深入，孩子们讨论了故事、神话和传说之间的区别；他们谈论了编造故事的人，什么使得一个故事是一则好故事，以及你如何才能知道故事是否真实。在45分钟的课程快结束时，孩子们选择了迈克尔的问题："为什么王子会急于下结论？"迈克尔解释了为什么这个问题让他感到困惑："为什么人们会不假思索就匆忙下结论？"全班同学开始讨论核心人物行为背后的动机，以及他们不思考就采取行动的例子。他们一致认为，"停下来，想一想"是一条有用的规则，但很难付诸实践。到课程结束时，还有许多问题要讨论。这些问题在课堂上又被展示了一次，这些问题和其他问题成为了他们在"思考本"中写作的主题。

随着孩子们在这个过程中越来越有经验，他们会问更多的问题，他们在讨论中的见解会让你感到高兴和惊讶。下面是9—11岁的孩子在听了蓝白瓷器的故事后提出的26个问题（《促进思考的故事》，第33页）。这节课上的几乎每个孩子都有一个问题，当黑板用完后，教师才停止对问题的记录。以下是一些例子：

- 为什么女儿对父亲来说如此重要？（戈拉夫）
- 为什么柳树如此重要？它代表什么？（法扎尔）
- 如果父亲如此爱女儿，他为什么使她不高兴？（切坦）
- 有人真的能变成鸟吗？（本和博比）

- 你不应该被允许嫁给你想嫁给的人吗？（斯泰茜）
- 这是不是真的故事？（罗纳德）
- 谁是神，他们是什么样子的？（阿尼尔）
- 谁在讲这个故事？（阿西莫）

这些问题中的任何一个以及孩子们提出的许多其他问题，都有可能在讨论中取得丰硕的成果。在早期阶段，教师最好从黑板上选择一个值得讨论的问题进行讨论。从以上孩子问题的列表中，你会选择哪一个开始讨论？

在接下来的探究中，被选择讨论的问题可以成为对任何故事提出的问题。

这个故事的意义是什么？

以下问题是由一群13—14岁的学生在共同阅读了卡夫卡的《变形记》后提出的：

1．我们怎么知道这实际上不是梦呢？
2．这是怎么发生的？
3．为什么只有他的身体发生了变化，而他的思想和感受没有变化？
4．他为什么不为自己是只虫子而感到烦恼呢？
5．即使他的外形像一只虫子，为什么他还能发出人类的声音？
6．他为什么是只虫子而不是别的什么东西？
7．我们怎么知道他是只虫子？
8．如果他是一只虫子，他怎么能穿上衣服呢？
9．如果这是梦，我们怎么知道他现在醒了？
10．这个故事的意义是什么？
11．如果他是一只虫子，为什么他是这么大的一只虫子？

投票后，学生选择问题 10 作为他们哲学探究的主题。以下是关于这一问题讨论的摘录：

作者：你们选择的问题是："这个故事的意义是什么？"这是兰迪夫问的问题。在回答这个问题之前，我需要问问兰迪夫为什么要问这个问题。

兰迪夫：我们刚刚读了这个故事，我想知道它的意义是什么。

贾斯明德：有人写了一则关于一个人变成虫子的故事。为什么要写一个人变成虫子呢？

作者：好的。谢谢你。

莫妮卡：也许故事的意义是让我们认识到故事的意义。

作者：好的……是吗？

桑纳尔：我认为这个故事的意义很特别，它让我们思考、让我们困惑，并问一些问题，比如"这一切都是关于什么的？"。

作者：谢谢你。有人同意或不同意这观点吗？（暂停一下）正如有人所说的，你认为这个故事的意义可能是让人感到困惑和让人提出质疑吗？

史蒂文：也许是为了让人提出质疑，但不仅仅是为了让人感到困惑。

作者：那么让人提出质疑和让人感到困惑之间有什么区别呢？

马尼斯：如果你对某件事提出质疑，你不一定马上就会感到困惑，首先你要问一个问题。

作者：那么感到困惑和问一个问题之间有什么区别呢？

拉希姆：感到困惑是不知道。提问是试图找出你不知道什么。

作者：关于这个故事，你认为我们可以问多少不同的问题呢？

马修：数以百万计的。

维奈：无穷多的。

作者：就这一个故事，我们可以问无数的问题？

桑纳尔：甚至更多呢！（学生笑起来）

> 作者：这是一个有趣的评论："如果我们知道世界将如何结束，我们就不会问这么多问题了。"你认为这句话的意思是什么？
>
> 贾斯明德：如果你知道世界将如何结束，你仍然会问问题。比如，世界为什么会结束？
>
> 沙希尔：比如，世界为什么会结束，它会怎样结束，我们是否能做些什么来阻止它的结束。所以，我们还是会问问题。
>
> 阿伦：这是毫无意义的，我们永远也不知道它会如何结束。
>
> 钱特勒：因为我们也要离开。所以，没有人回答我们的问题。
>
> 作者：我认为问题不在于我们是否会发现世界将如何结束，而是如果我们知道世界将如何结束，从某种意义上说，这意味着没有问题要问。
>
> 曼迪普：没那么多问题。
>
> 作者：你能解释一下你的意思吗？
>
> 曼迪普：你不会像现在这样过多追求你想要的东西。你追求是因为你不知道它们会怎样结束。如果你知道它们会怎样结束，问问题就没有意义了。

"哲学讨论经常会来回谈到某些话题，"李普曼说，"就像一艘逆风行驶的船，但也有前进的趋势。"[1] 引导（或促进）讨论的人对确保这一进展起着重要作用。

引导讨论

一个故事可以通过不同的方式进行审视，例如通过使用让孩子关注的

---

[1] 摘自英国广播公司（British Broadcasting Corporation，简称 BBC）1991 年的纪录片《变革者：给 6 岁的孩子讲苏格拉底》(*The Transformers: Socrates for Six Year Olds*)。

问题：

- 思考故事——探索孩子对故事叙事特点的理解，并鼓励他们对故事进行批判性和创造性的思考。
- 思考故事的一个关键主题——探索孩子对这个主题的理解，并鼓励他们对这个主题进行批判性和创造性的思考。

8岁的加比说："我认为，当讨论能让你想到好的理由时，讨论是好的，它能让你转而思考好的想法。"思考对加比来说是一个整体活动，但它包含了许多重要元素，引导者可以在讨论中起到示范和鼓励作用，为讨论提供前进的动力。引导者可以提供积极的认知干预以推动讨论。在讨论过程中，引导者需要将孩子们的注意力集中在思考的关键要素上。这些要素包括：

- 提问——提出好的问题，为探究确定焦点问题；
- 推理——要求理由或证据来支持论点和判断；
- 定义——通过建立联系、区别和比较来澄清概念；
- 推测——通过想象思维产生想法和不同的观点；
- 真实性检验——收集信息、判断证据、实例和反例；
- 扩展观点——维持和扩展思想和论据；
- 总结——从许多观点或实例中抽象出要点或一般规则。

研究发现，一些问题有助于在与幼儿的课堂讨论中让他们的智力变得严谨。这些问题的目标是让孩子们不再只是简单地给出答案，让他们从对奇闻逸事的评论和无根据的观察转向一种以给出理由和阐述论点为特征的讨论风格。他们试图鼓励孩子们对自己的评论负责，思考自己在说什么。其目的是使这些问题及时内化于心，并由孩子们自己提出。

在讨论故事时被证明有用的问题示例见表4.1。

表4.1　激发对故事的哲学讨论的问题

问题	问题的认知功能
• 发生了什么？ 他们做了什么？	识别故事中的事实
• 他们在故事中的感受如何？ 当你读到这篇文章时，你的感受是什么？	对经验做出回应
• 他们在故事中是怎么想的？ 你怎么看？	反思个人问题和社会问题
• 他们有什么选择？ 故事可能有什么不同？	探索道德决策
• 你为什么这么说？ 你能给我一个理由吗？	推理
• 你的意思是什么？ 有人能向我们解释吗？	定义/分析/澄清
• 有没有人有另一个想法/例子？ 就这个故事，还有谁有要补充的吗？	产生其他的观点
• 我们怎么知道这是真的？ 你/我们是怎么知道的？	真实性检验
• 谁同意/不同意（孩子的名字）？为什么？ 你能说出你同意或不同意谁的观点吗？	支持对话/论点
• 谁能记得我们说了什么？ 我们所说的想法/论点是什么？	总结

研究表明，作为教学语言和读写方法的一部分，哲学探究可以提高儿童的阅读和理解技能（更多研究结果见第六章"儿童哲学有用吗？"）。在"小学中的哲学"项目中，教师将故事作为哲学讨论的刺激物，其好处包括：

这可以很好地训练孩子们提出问题，不仅是英语学科，科学学科也依赖孩子们提出的问题——这是一项很难的技能。

孩子们学会了尊重他人，培养了提出自己观点和信念的信心。

通过提出理论和假设来回答问题，不仅能激发他们的智力，而且当他们在一个探究团体中这样做时，对他们来说在心理上也是"安全的"。

一位教师在反思使用"促进思考的故事"课程所带来的变化时，发现她的班上发生了以下变化：

- 自尊——"孩子们为他们能够认真讨论重要和困难的问题而自豪。"
- 倾听技能——"孩子们更能做到倾听和尊重对方。"
- 高阶思维——"孩子们享受讨论难题的挑战。"
- 提问——"孩子们更愿意在所有课程中提问，并寻求问题的答案。"
- 交流——"孩子们更愿意交谈，更愿意参与讨论，更愿意把自己的观点建立在彼此想法的基础上。"

孩子们认为他们在用故事进行哲学探究时学到了什么呢？答案当然会有所不同。汤姆（12岁）说："哲学是一个很好的练习，它就像为心灵做体育运动。"杰克（14岁）说："哲学是课程中缺失的元素，因为它是唯一能帮助你更好地思考每一门科目的科目。"我们在本章开头遇到的不爱阅读的保罗说："我认为哲学会让你思考更多，因为它给了你时间去思考。"我们都需要思考，无论是成年人还是儿童。

促进思考的故事

以下是一些有助于反思和讨论使用故事促进思考的问题：

- 孩子们能从故事中获得什么经验？这对教育有什么启示？
- 对你来说，什么是"批判性阅读"？它有多重要？
- 是什么让一个故事成为"哲学故事"？
- 关于一个故事，孩子们可以问哪些不同类型的问题？
- 孩子们可以从关于故事的哲学讨论中学到什么？

"促进思考的故事"项目

研发者：罗伯特·费希尔。

目的：通过哲学讨论培养跨课程的思维、语言和学习技能。

技能示例：提问、口头推理和创造性思维；发言和沟通、倾听、读写和语言技能；培养独立思考和与他人对话的信心。

假设：

- 通过哲学讨论进行思维教学，可以丰富学校课程的各个方面，培养终身学习的技能。
- 在任何课堂或学习环境中创造一个探究团体，是实现思维教学的最佳途径。
- 故事和叙述材料可以为与儿童进行的哲学讨论提供理想的刺激物。

目标受众：5—14岁儿童。

过程：教师/学生阅读并讨论故事、诗歌或图片等刺激物，然后讨论学生提出的问题，进行与课程目标相关的拓展活动。

时间：每周一到两小时。

出版物：《用于思考的故事》(*Stories for Thinking*，1996)、《用于思考的游戏》(*Games* *for Thinking*，1997）、《用于思考的诗歌》（*Poems for Thinking*，1997）、《给幼儿园和小学教师的用于思考的故事》（*First Stories for Thinking*，1999）、《给幼儿园和小学教师的用于思考的诗歌》（*First Poems for Thinking*，2000）、《用于思考的价值观》（*Values for Thinking*，2001）、《思考的启动物》（*Starters for Thinking*，2006）。以上图书均由英国牛津纳什·波洛克出版公司（Nash Pollock Publishing）出版。

第五章 对话式教与学

未经审视的生活不值得过。

——苏格拉底（柏拉图，《申辩篇》，38a）

（思考）就像一辆汽车。你需要一些东西让你发动，并让你继续前行。

——贾格迪普，10岁

这一章是关于通过苏格拉底式对话发展思维，特别是如何推进深度对话的。儿童的思维需要刺激物——比如一个故事、一个难题或一个问题，但也需要一些东西来支撑和挑战它。要维持思维需要通过激发内心的对话（独自思考）和与他人对话（说出想法）来实现。孩子们还需要接受挑战，从而去进行更深入、更具批判性和创造性的思考。正如贾格迪普所说，对话可以增强思考。通过我们的语言表达能力，思维、意识和理解才得以发展。对话是人类发展智力的主要手段，使生活和学习中主要的问题得到解决，而我们的智力也通过与他人的对话得到发展。难怪近年来人们越来越强调对话在教与学中的核心作用。[1] 研究人员发现，学校并不总是充分利用谈话在教室学习中的潜力作用。为了充分挖掘谈话对课堂学习的价值，教师需要：

- 把对话看作学习的目的，而不仅仅是学习的手段；
- 用谈话和提问来挑战学生的思维；
- 计划持续有效的小组对话；
- 教授有效对话的基本规则；
- 鼓励学生提出问题；
- 给学生足够的时间进行思考、推理和探究；
- 使用口头反馈来进行诊断和告知，而不仅仅是表扬和支持。

当让学生自己交谈时，他们自然不会进行持续的智力探究，也不会运用哈贝马斯所说的"沟通理性"（communicative rationality）或学习。如果说和听可以促进课堂学习，那么教师需要确保学生参与不同类型的谈话，包括有效的对话。

谈话的类型

课堂上的谈话可以采取多种形式，包括：

---

[1] 对话教学的概念建立在对对话在学习和教学中的作用进行理论和实证研究的悠久传统之上。这些研究包括认知和文化心理学家（维果茨基，1978；布鲁纳，1987）、话语分析家（库尔撒德，1992）、心理语言学家（韩礼德，1993；韦尔斯，1999）、社会文化语言学家（巴恩斯，1995）、哲学家（巴赫金，1981；哈贝马斯，1991；李普曼，2003）以及许多课堂研究人员（亚历山大，2006；默瑟，2008）所做的工作，他们就对话在学习中的作用提出了具有影响力的观点。更多关于课堂实践策略的信息，请参见：罗伯特·费希尔，《创造性对话》（*Creative Dialogue*, London: Routledge, 2009）。

- 指导——告诉学生该做什么以及传授信息。
- 测试记忆——通过设计用来测试或刺激记忆的问题进行教学。
- 独白——一个人在说话,没有和其他人交流。
- 交谈——与他人交谈的特点是不加批判的分享,缺乏持续的焦点或深度,只有低水平的认知需求。
- 争论——争论个人的观点,公开独白意见。
- 讨论——与他人交换意见,分享信息或解决问题。
- 对话——在合作探究中,与他人进行探索性的交谈,以对话的方式表达同意或不同意、挑战、提出质疑、诉诸理性,并允许可能的自我纠正,就像在团体探究中所做的一样。

在课堂上,各种各样的谈话包括对话都能达到有用的目的。然而,为了有效地参与对话,学生需要接受对话技巧训练。这意味着他们要学会提出有效的问题,积极倾听,接受不同的观点,对讨论的话题进行批判性和创造性的思考,并对他们的想法和行为做出良好的判断。

表5.1总结了传统的师生互动与对话教学的一些差异。

表5.1 传统教学与对话教学

传统的师生互动	对话教学
教师的问题	学生的问题
教师的议程	共享的议程
信息丰富的	富有想象力的
有限的注意力	探索性的
单方面的观点	多方面的观点
计算的	反思的

续表

传统的师生互动	对话教学
"我/它"关系	"我/你"关系
权威的	有说服力的
正确的答案	可能的答案
竞争性回答	合作性探究
专注于内容的学习	个性化学习
与功能结果相关	与内在目的相关

传统的师生互动是学习的必要特征，但这是不够的，因为它限制了学生的思维。相反，对话教学拓展了学生的思维，不断激发他们用语言表达思想的能力。

有效的对话是合作的（共同学习）、互惠的（相互倾听）、支持性的（每个人都能自由地表达想法）、累积的（每个人的想法都建立在他人想法的基础上）、有挑战性的（信念可以被挑战和改变）和有目的性的（讨论的目标是可见的）。当对话被用于探索和拓展思维时，就像在一个良好的探究团体中的运用，对话对于发展智力的潜力是最大的。

对话应该是探索性的，要有前进的动力，就像李普曼那句话所描述的那样，"就像一艘逆风行驶的船"。参与者在彼此想法的基础上进行探索和建构，对话发展的特征是有假设、信息整合、想法的重构以及想象力的放飞，如下例所示：

孩子：我在如果中（iffing）。

作者：你说的"如果中"是什么意思？

孩子：当你说"假如……树会说话，鸟会统治世界"，这时候，有人会说："这太疯狂了！"你就可以说："我只是在如果中。"

对话与苏格拉底式教学

对话教学虽然不是一种新的教学模式，但却是一种富有智力挑战的教学模式。它强调通过学生与教师、学生与学生之间的提问和对话来发展批判性和创造性思维。这一传统可以追溯到苏格拉底时期。课堂实践中的许多方法可以被广义地描述为苏格拉底式的，不仅包括马修·李普曼的团体探究，也包括伦纳德·纳尔逊（Leonard Nelson）的"苏格拉底式对话"和戴维·玻姆（David Bohm）的"对话"[1]。这三种模式都是为了创造一种以苏格拉底为榜样的课堂学习教学法。

苏格拉底说，也许有许多种生活值得过，但未经审视或未经质疑的生活并不在其中。他的这句话是什么意思？他似乎想说的是，人类生活的一个特点是批判性地意识到我们相信什么、做什么。如果我们不进行反思或批判，我们的生活就得不到满足，我们的思想就会成为偏见和冲突的牺牲品，"让我们每天的想法都停留在未解决的冲突状态中，这是灾难性的"[2]。对苏格拉底来说，教育的部分意义在于让我们意识到自己的无知，意识到思想的冲突和当前的问题，并告诉我们有一种方法可以解决这些问题。这种方法有着悠久的历史，柏拉图在其著作中以苏格拉底为例向我们展示了这种方法。近年来，人们对苏格拉底哲学和教育思想的兴趣又重新燃起。[3] 一个孩子在回忆苏格拉

---

[1] S. D. 切斯特斯（S. D. Chesters），《苏格拉底式课堂：通过合作探究进行反思性思考》（*The Socratic Classroom: Reflective Thinking through Collaborative Inquiry*, Brisbane, Australia: Sense Publishers, 2012）。
[2] 罗伯特·费希尔，《教孩子学会思考》，第 2 版，第 150 页。
[3] S. 阿贝尔–拉普（S. Ahbel-Rappe），R. 卡姆特卡尔（R. Kamtekar），《苏格拉底指南》（*A Companion to Socrates*, Oxford: Blackwell, 2005）；罗伯特·费希尔，《舞动的头脑：苏格拉底式对话与梅尼普式对话在哲学探究中的运用》（"Dancing Minds: The Use of Socratic and Menippean Dialogue in Philosophical Enquiry"），《国际英才教育》（*Gifted Education International*），2007 年，第 22 卷，第 2—3 期，第 148—159 页。

底的生活时写道："苏格拉底是一个老师，他在街上到处问问题，比如，'你疯了吗？'最后他们让他服毒而死。"另一个孩子写道："苏格拉底总是在问问题，至今，我们仍在寻找其中一些问题的答案。"

正如我们所看到的，哲学思考是关于思维的思考，因此它既有认知的内容，也有元认知的内容。认知或概念内容包括对日常生活中最基本的观念和问题的探索，比如：

- 我是谁？
- 这个世界到底是什么样的？
- 我该相信什么？
- 我有什么选择？
- 我该如何生活？

元认知的内容是关于提高自己的思维和推理能力过程的，从而使自己作为一个思考者更好地认识自己，并有更好的工具来考查正在处理的任何主题。[1]

人们相信很多事情，但他们的信念往往是自我中心和不经考虑的思维习惯。其中一些信念是自发形成的，而另一些则来自父母和教师等其他人的信念。这些信念的共同点是，它们很少提升到皮亚杰所说的"有意识的实现"（conscious realization）水平。除非鼓励学生在相互支持的环境中自由地表达这些观点，否则这些观点仍然无法表达、无法综合、容易含混不清和自相矛盾。开放式讨论可以让学生清晰地表达自己的想法，但并不一定会给学生提供扩展思维的认知挑战。

---

[1] 有关帮助儿童获得元认知理解的方法，请参见：罗伯特·费希尔，《教孩子学会学习》（*Teaching Children to Learn*, Cheltenham: Nelson Thornes, 2005），第 2 版。

学习中需要哲学探究的原因之一是，仅靠智力是不足以实现在讨论中发展思维和自我意识的潜力的。善于表达的人不一定能成功地思考和学习。他们可能会陷入这样的陷阱：不花时间思考或探索其他选择就立即做出判断，草率得出结论。他们可能会封闭思考和学习的机会。这种冲动或过早结束的倾向，是所有智力水平儿童未能充分发挥其水平的原因。德博诺将思维定义为"智力根据经验行动的操作技能"[1]。熟练思考的一个特点是探索（exploration），在做出判断之前探索一种情况的能力——扩大意识，这样一个人在任何情况下都能看到更多的东西、更多的观点，拥有更多的选择。创造性思维和生活的核心是扩大反应的范围，从而开辟更多的潜在探索道路。这些思维技能不是自动形成的，但它们是可以培养的。10岁的劳拉说，"哲学问题可以从任何事情中产生。"

在一节课上，教师用苹果作为苏格拉底式探究的刺激物。学生能问些什么问题来帮助他们更多地了解苹果呢？以下是讨论的摘录：

一个苹果是死的还是活的？

这是和一群7—8岁的孩子讨论生、死和苹果时的一段对话：

作者：你能告诉我们，这个苹果是死的还是活的吗？

雷切尔：它是死的。

作者：你为什么认为它是死的呢？

雷切尔：它是从树上摘下来的。当它在树上时，它是活着的树的一部分。现在它被摘了下来，它就死了。

作者：谁同意或不同意这种观点？

---

[1] 德博诺，《教你的孩子如何思考》(*Teach Your Child How to Think*, London: Viking, 1992)。

> 利奥：我不同意。
>
> 作者：为什么？你能给出一个理由吗？
>
> 利奥：我觉得苹果可能还活着。我们不知道它死了。
>
> 加里：我同意利奥的看法。苹果的一部分还活着，里面的果核还活着。如果你种下它们，它们可以长成一棵新树。
>
> 霍莉：它们不会，你知道它们不会的，加里。我不同意。如果苹果死了，它里面的果核就不会长成树。
>
> 梅丽莎：我之前种下的一颗果核，它开始生长了。所以，苹果没有死。
>
> 达伦：因为它有果核，但这并不意味着它还活着。如果你把它放在那里，它就会枯萎，就像有人死了一样。
>
> 埃莉：我同意梅丽莎的观点。如果某物的一部分还活着，它就还活着……就像果核这样。
>
> 苏珊：我认为它有一部分是活的，一部分是死的，因为它是从树上摘下来的。这就是为什么它会慢慢枯萎，除非你吃了它。
>
> 利奥：那时候它还会活着，因为它是你的一部分。
>
> 作者：那么死亡或活着是什么意思呢？
>
> 贾斯廷：要想活着，你必须成为某种东西的一部分，就像苹果在树上一样……

当我们能够从新的角度看待事物时，我们就会变得富有创造力。阿尔伯特·爱因斯坦（Albert Einstein）认为，学习的关键是灵活的思维，他说："提出新的问题、新的难题，从新的角度看待老问题，需要创造性的想象力，并取得真正的进步。"皮亚杰说，"理解就是创造。"[1] 我们"通过头脑的创造性运

---

[1] 皮亚杰，《理解就是创造：教育的未来》（*To Understand Is to Invent: The Future of Education*, New York: Viking, 1948/1974）。

作来重建知识",从而使知识成为我们自己的东西。美国最高法院大法官奥利弗·温德尔·霍姆斯（Oliver Wendell Holmes）曾说,大脑"一旦被一个新想法延展,就再也不会回到最初的维度"。

托兰斯（Torrance）认为,创造力是"对问题、缺陷、知识的缺口、缺失的元素、不和谐等变得敏感,识别困难,寻找解决方案,尽心猜测或对不足之处提出假设,对这些假设进行检验和再检验,并对其进行修改和重新检验,最后交流结果的过程"[1]。这也是对于哲学探究的一个很好的定义。但如何在实践中实现呢？

研究发现,许多创造性思维技巧和教学策略有助于培养发散思维。其中,通过提问和对话式探究的苏格拉底式教学方法旨在发展可持续的创造性思维。

什么是苏格拉底式教学？

苏格拉底经久不衰的原因之一就是他是个谜。他没有留下自己的著作,我们对他的了解很大程度上来自柏拉图的著作。在柏拉图的对话录中,苏格拉底扮演了许多角色,但对于他的方法是否可以概括为一种方法,我们还不清楚。有些人认为,教育家苏格拉底"在某些方面是最伟大的好人,当然也是最聪明的人"[2],但也有人批评他傲慢、直率,在讨论中占主导地位。[3] 苏格拉

---

[1] 托兰斯,引自：罗伯特·费希尔,《教孩子学会思考》,第2版,第78页。托兰斯的著作包括：E.P.托兰斯（E. P. Torrance）,《指导创造性天才》（*Guiding Creative Talent*, New York: Prentice Hall, 1962）; E. P. 托兰斯,《奖励创造性的行为》（*Rewarding Creative Behaviour*, New York: Prentice Hall, 1965）。

[2] E. B. 卡斯尔（E. B. Castle）,《古代教育和今天》（*Ancient Education and Today*, Harmondsworth: Penguin, 1961）。

[3] D. 佩卡尔斯基（D. Pekarsky）,《苏格拉底式教学：批判性评价》（"Socratic Teaching: A Critical Assessment"）,《道德教育期刊》（*Journal of Moral Education*）,第23卷,第2期,第119—134页。

底性格中的矛盾反映了许多教师的矛盾特征——耐心的聆听和说教，谦虚和傲慢，和蔼的宽容和积极的坚持，无知的同行和其他老师的嫉妒。

很明显，苏格拉底在他所生活的社会中看出了智力和道德的真空。旧的社会秩序和道德习俗正在瓦解，取而代之的受到诡辩家启发的新教育，变得世俗和唯物。也许这与我们今天的社会及其所关注的问题有相似之处。当诡辩家普罗泰戈拉（Protagoras）被问及是否信神时，据说他回答："这个问题很复杂，生命很短暂。"人（或人的需要）是衡量一切事物的尺度。苏格拉底不相信他知道万物的尺度。从他展现出的一个博学或无所不知的人的意义上讲，他并不是一个诡辩家或老师，而是一个真正意义上的哲学家，"爱智慧的人"。作为一名教师，苏格拉底试图建立的是一种建立在理性基础上的新道德学科和智力学科，以及一种通过提问进行探究的方法。对苏格拉底来说，集市不仅仅是一个赚钱的地方，也是一个思考的空间，一个提问的空间，一个发展人对重要而复杂的人类问题进行创造性判断的空间。

为了确保我们的生活得到适当的检验，我们不应该仅仅是接受他人的观点，或者依靠我们自己的独自冥想，我们必须进行对话。通过倾听和回应别人的想法，我们学会究竟何为独立思考。通过对话来表达、分享和修改我们的想法，我们开始对自己的言行负责，并"授权他人也这样做"[1]。对苏格拉底来说，教育不仅仅是知识传输的问题。教育是一种思想活动，而不是要传授的一门课程。从苏格拉底的意义上讲，参与学习就像参与一场个人戏剧，因为它既依赖做出理性的选择，也依赖情感上的投入。它既有理性的目的，也有道德的目的，它存在的目的是通过思考产生美德，使学习者作为个体和学

---

[1] 李普曼，《通过苏格拉底式教学鼓励学生独立思考》（"Encouraging Thinking for Oneself through Socratic Teaching"），引自：李普曼编，《思考儿童与教育》（*Thinking Children and Education*, Iowa: Kendall/Hunt, 1993），第 435 页之后的页码。

习团体的一员参与和发展。[1]

苏格拉底将提问作为一种通过在共同的探究中使用理性来追求真理的方法。苏格拉底认为，一个明智的人或教师是一个已经认识到自己的无知，并利用它作为动力来激励自己更好地理解世界的人。这或许不过是辩论者表现出"学术无知"（scholarly ignorance）的伎俩，但他的教育哲学正是以此为基础的。

这一哲学可以大致概括如下：

- 知识是可以追求的，并能导向对真理的理解。
- 对真正的知识的寻求是通过对话开展的一项合作事业。
- 提问是教育的主要形式，它从内部汲取真正的知识，而不是从外部强加知识。
- 必须以一种无情的、智力上的诚实去追求知识。[2]

对苏格拉底来说，寻求真理也是一项道德事业。用英国诗人 D. H. 劳伦斯（D. H. Lawrence）的话来说就是，以一个人"全身心投入"的"完整性"[3]去追求。苏格拉底道德关怀的核心是心灵（psyche）。这通常被翻译为"灵魂"，但它包含了生活的原则、智力和道德人格。他说，他的使命是说服人们"首先，也是最重要的，把精力集中在最大程度改善自己的灵魂上"（《申辩篇》）。其中一个要素，也是对话教学的一个功能，便是获得自知之明。

---

[1] R. 萨克利夫，《哲学探究是有德的吗？》（"Is Philosophical Enquiry Virtuous？"），《教育的方方面面》（*Aspects of Education*），1993 年，第 49 卷，第 23—36 页。

[2] J. 弗格森（J. Ferguson），《苏格拉底：资源书》（*Socrates: A Source Book*, Milton Keynes: Open University Press, 1970）。

[3] 参见 D. H. 劳伦斯的诗《思想》（"Thought"），见：D. H. 劳伦斯，《D. H. 劳伦斯诗集》（*The Complete Poems of D. H.Lawrence*, Harmondsworth：Penguin, 1994）。

> **"认识你自己"是什么意思？**

"认识你自己"是古希腊德尔斐神庙的神谕所给的忠告，并成为苏格拉底式教学的一个目标。

伊丽莎白时代的诗人约翰·戴维斯爵士（Sir John Davies）写下了以下题为"认识你自己"的诗句：

我们试图知道每个天体的运行，
尼罗河涨涨落落的奇怪原因，
就是我们胸中所怀的时钟，
那些微妙的动作我们一时忘记了。
我们熟悉每一个区域，
穿过热带，看到两极，
当我们回家时，我们对自己却一无所知，
对自己的灵魂却一无所知。[1]

对有效思考者和学习者的研究有一个不变的假设，那就是他们对作为思考者和学习者的自己了解更多。这是人类智力中的元认知元素，也是最成功的思维技能课程和教学策略的重点。[2] 对苏格拉底来说，通过对话寻求这种自

---

[1] 约翰·戴维斯爵士的这首诗来自他的哲学诗集《认识你自己》（*Nosce Teipsum*, 1599）。
[2] EPPI 中心最近的一项研究发现，元认知干预对学生成绩水平的影响比其他思维技能方法更大。参见：EPPI，《实施思维技能方法对学生的影响的元分析》（"A Meta-Analysis of the Impact of the Implementation of Thinking Skills Approach on Pupils"），纽卡斯尔大学／伦敦大学教育学院：思维技能评估小组。

我认识与一种自相矛盾的信念有关，即在"善"和"卓越"的意义上，美德（arete）就是知识。如果我真的完全知道哪条路是最好的，我怎么可能不遵循它呢？在狭义的伦理意义和广义的伦理意义之间，关于"最佳"的含义存在歧义。苏格拉底所反对的似乎是诡辩家和今天的相对主义者的实用主义，他们声称没有绝对的真或善的标准。苏格拉底认为，如果对话是哲学的，就应该有一个目标，那就是对知识和行为中什么是真实的和正当的个人理解。正因为我们不知道真理，我们才需要说话。

苏格拉底的教学方法是通过对话和提问来实现的。教师是帮助人们产生他们自己的观点（苏格拉底把他的方法比作助产士）。苏格拉底的方法也将有助于发展智力和沟通技能，这些将通过教师的榜样作用和探究的过程来传授。但在当时，许多人认为，就像现在一样，苏格拉底的方法不是一种可取的哲学教学方法，人们需要的是"传统教学"方法。

苏格拉底式教学与传统教学有什么不同？

在古代，人们就对苏格拉底式教学和传统的学术教学（来自柏拉图创立的学园）做出了对比。表5.2以简化的形式总结了这两种教育传统之间的主要差异。这两种传统在教育史上都有追随者，直至今天，它们都有各自的拥护者。[1]

对于苏格拉底来说，哲学是一种活动，是你做过的事，而不是一套需要学习的真理。要成为一名哲学家，你需要掌握哲学技巧，你需要知道如何进

---

[1] G. M. 罗斯（G. M. Ross），《苏格拉底与柏拉图：苏格拉底式教学的起源与发展》（"Socrates versus Plato: The Origins and Development of Socratic Teaching"），《教育的方方面面》，1993年，第49卷，第9—22页。

行哲学思辨。[1] 要获得这些技能，你需要和比你更有技巧的人一起练习。在早期的对话中，苏格拉底用了类似于武术的类比——你一开始和老师学习对打，然后你变成了和老师同样厉害的人。这是一个教师自称无知的过程，也是一个学习的过程。对苏格拉底来说，哲学是认知学习的最高形式，对教师和学习者都有好处；对柏拉图来说，这是一套必须学习和理解的真理。教师作为专家向学生灌输知识，学生在这个过程中是被动的学习者。对于柏拉图来说，真理是知识的客观实体；而对苏格拉底来说，知识是可以获取的，但在实践中又总是需要被质疑的。

表5.2　苏格拉底式教学与传统学术教学

苏格拉底式教学	传统学术教学
哲学是一个积极的过程	哲学是一门学问
哲学是充满质疑的	哲学是教条式的
哲学是归纳的	哲学是演绎的
哲学是语言的	哲学是概念性的
哲学对所有人都是开放的	哲学只是为少数人准备的
哲学适用于生活	哲学是关于抽象真理的
哲学是对话（口头）的	哲学是书面文本

根据亚里士多德的观点，苏格拉底方法的主要特点是使用"归纳"论证。这是一个从特殊情况到一般真理的推理过程。[2] 苏格拉底的方法不止于此，因为他所开始的特殊情况是其他人的所说、所想。他认为，人们学习成为哲学家，不是通过接受哲学概念的教学，也不是通过获得学术知识，而是通过从

---

[1] E. R. 埃米特（E. R. Emmett），《学会哲学思辨》（*Learning to Philosophize*, Harmondsworth: Penguin, 1961）。

[2] 亚里士多德，《形而上学》（*Metaphysics*），卷 M，1078b，第 17—19 页。

前哲学状态到对自己的信念和表达这些信念的词语产生质疑和反思。哲学是语言的，是关于我们试图用语言来构建或反映现实的方法的。他想知道人们所说的是什么意思。通过寻找真正的定义来寻求真理的问题在于，任何定义都使用本身需要定义的词语，这就是为什么真正的苏格拉底式对话往往以无定论的方式结束。

苏格拉底相信，哲学对所有人都是开放的，任何一个有言语能力的人都可以发展哲学技能。另一方面，柏拉图则认为，辩证法（哲学）是面向30岁以上的、经过多年训练的人的一门学术科目。[1] 今天的职业哲学家也附和这一观点，认为哲学不是"在学校学习的合适科目"[2]。在柏拉图的学术世界里，没有儿童哲学这一概念。但苏格拉底认为，哲学对每个人都有益处，包括儿童[见《美诺篇》（Meno）中与奴隶男孩的对话]。哲学具有实用价值——它能帮助你更好地工作，使你成为一个更好的人。

苏格拉底式教学与柏拉图学园的教学方法的主要区别之一是，苏格拉底的观点，即口头文字优于书面文字。对话是互动的，它迫使参与者清晰地表达自己的想法和个人理解。参与苏格拉底式讨论的经历永远不可能等同于阅读一则对话。苏格拉底在《费德罗篇》（Phaedrus）中指出，写作和演讲（讲学）都不是很好的教育手段，因为它们仅仅依赖死记硬背，它们不能表达一个相互探究的生动的过程。柏拉图学园发起的最大变革之一是从公开讨论转向演讲和书面文本，从演讲转向读写。这种学术传统在今天依然存在，表现在教育实践中强调笔试和课程，强调个人或私人的学习。学术传统所认识到的是书面文字作为思想载体的价值，以及个人写作作为鼓励学生创造意义和

---

[1] 柏拉图，《理想国》，卷七，537d。
[2] M. 沃诺克（M. Warnock），《教育的共同政策》（A Common Policy for Education, Oxford: Oxford University Press, 1988），第 57 页。

表达理解的有力手段的价值。我们所需要的也许是在苏格拉底式教学和学术教学之间取得更好的平衡。我们需要在学术和实践领域有丰富知识的人,但我们更需要对所知有反思和批判性思考的人,能创造性地将所学应用于实际情况的人,擅于演讲的人,擅于写作的人,能与人合作的人,能从不同的角度看待事物的人,愿意修正自己观点的人,愿意致力于终身学习的人。

在各个层次的教育中,都需要学生更有效地运用谈话来学习。这可以从许多学生在阐明其观点时所遇到的问题,从雇主表示需要提高其雇员在沟通、合作和团队工作方面的个人技能(见下),以及社会对民主进程中创造性参与者的需要中看出。

雇主要求的个人技能

1 = 最重要,序号代表了重要程度

1. 口头交流
2. 团队合作
3. 热情
4. 动机
5. 计划
6. 领导力
7. 承诺
8. 个人特质
9. 组织能力
10. 外语能力

(资料来源:谢菲尔德大学个人技能单元,1991)

这里似乎提供了一个强有力的理由，说明了为什么需要采用更多的苏格拉底式教学以培养能言善辩和富有创造力的思考者的能力和意愿。那么，这对课堂教学意味着什么呢？苏格拉底在雅典集市上的对话是自愿的，我们怎样才能把苏格拉底式教学注入到非自愿对话的课堂情境中去呢？

当今的苏格拉底式教学可以分为两大类：

- 苏格拉底式探究——苏格拉底式探究的正式课程。
- 苏格拉底式提问——融苏格拉底式教学于课程之中。

下面是用苏格拉底式问题作为刺激物开展讨论的节选。

什么是真？

以下节选自与13—15岁孩子进行的讨论：

作者：你们认为，对于我们不了解的事情，能是真的吗？

汤姆：如果事情真的发生了，那就是真的。

杰克：我不会这么说，因为如果没有人知道那是真的，你就不能说那是真的。

汤姆：但这仍然可能是真的。

杰克：不对，没有人会说他们不知道的事情是真的。

汤姆：不，虽然他们不知道这是真的，但仍然有可能是真的。

杰克：不对。如果你不知道，你就不会说，"这是真的"。

汤姆：我知道，但在现实世界中，这仍然可能是真的。

杰克：有可能是真的，但实际上并非是真的，因为没人能说这是真的。

汤姆：那是什么意思？

> 杰克：如果我们发现它是真的，那将是真的。这可能是真的。未来可能是真的，但现在不是。
>
> 作者：汤姆，你同意吗？
>
> 汤姆：我同意。
>
> 作者：那是不是意味着你改变主意了？
>
> 汤姆：是的，有一点儿。

什么是苏格拉底式探究？

苏格拉底式探究方法不是讲出来的，而是通过一系列的问题来寻求真理。这个过程被称为"诘问"（希腊语为"*elenchus*"）。苏格拉底实践这种方法的要素可以概括为：

- 学术无知，这是指教师为了激发、激励和促进学生的思考而假装不知道。它的特点是，教师表现出一种好奇心和困惑，而不是作为一个知道"正确的"答案的人。苏格拉底自己也声称一无所知。
- 苏格拉底认为，提出问题这个过程，至少与寻找答案一样重要。确定性关闭了探究的大门，让人停止去寻找更好的答案，因此智慧意味着在一开始便认识到一个人对构建我们生活的一些核心概念知之甚少。
- 对真理的探寻，是为了找出我们使用的和认为理所当然的词语和观点的真正含义。苏格拉底认为，你不能说你知道你所说的话的意思，除非你能用语言来定义它，并且前后一致地使用语言。这不仅仅是对意义的关注，而且是克服对诸如正义和理性等概念的无知和混乱思考的一种方式，这样我们就能更好地理解我们自己和这个世界。

- 我们应该关注我们的想法和信念，因为这将影响我们如何生活。对苏格拉底来说，改善人们的思维方式是一项道德使命，其目标是促进人类的善和幸福。因为人们的信念会影响他们的行为，所以他们的信念应该经过仔细思考和推理的过程。
- 他认为，哲学探究最有利于培养道德理解力和美德。

到了 20 世纪，欧洲传统的苏格拉底式探究受到伦纳德·纳尔逊[1]及其弟子古斯塔夫·赫克曼（Gustav Heckmann）[2]著作的影响，和接受过这种方法训练的哲学家的启发。这些哲学家主要来自德国和荷兰，后来扩展到了英国。[3]对纳尔逊来说，苏格拉底方法的力量在于，"强迫思想自由。只有持续不断的压力才能把这种诱惑的力量转变成一种不可抗拒的强迫，迫使你说出自己的想法，回答每一个反问题，并说明每一个主张的理由"[4]。教师的基本技能是对学生负责，不是给学生答案，而是在学生之间创造问答互动。纳尔逊的教育目标是，"理性的自我决定"。这不是从抽象的逻辑规则中获得的，而是通过学习者运用判断能力获得的。仅仅提问和回答问题是不够的，不足以行使判

---

[1] 伦纳德·纳尔逊，《苏格拉底式方法与批判哲学》（*Socratic Method and Critical Philosophy*, New Haven, CT: Yale University Press, 1949）。

[2] 古斯塔夫·赫克曼，《苏格拉底式方法》（*Das Sokratische Gesprach*, Frankfurt: dipa Verlag, 1993）。

[3] 这一章受益于卡琳·默里斯的著作。参见：K. 默里斯，《什么是苏格拉底式对话？》（"What Is Socratic Dialogue？"），《课堂哲学》（*Classroom Philosophy*），1994 年 5 月，第 2—7 页。凯瑟琳·麦考尔博士在格拉斯哥大学建立的欧洲哲学探究中心（The European Philosophical Inquiry Center，简称 EPIC）也借鉴了欧洲的苏格拉底式探究传统。

[4] 纳尔逊，《苏格拉底式方法》（*The Socratic Method*, 1929），见：李普曼编，《思考儿童与教育》（1993），第 437—443 页。也参见 S. D. 切斯特斯在《苏格拉底式课堂：通过合作探究进行反思性思考》（2012）一书中对李普曼、纳尔逊和玻姆的苏格拉底式方法的分析。

断能力。明确的目标可能是帮助学生找到问题的答案，但隐含的目标是通过对话迫使参与者清晰地表达自己的想法，使判断系统化，并将自己的信念与他人的论证和观点进行对比。

纳尔逊的苏格拉底式教学方法不在于教师给出答案，而在于提问，例如：

- 你说的是什么意思？——不断努力去明确我们的意思。
- 你能用你自己的话重复一遍吗？——不断与误解作斗争。
- 你能举个例子吗？——要求用一个例子来支持陈述。
- 这个答案和我们的问题有什么关系？——检查论点的相关性。
- 谁一直关注我的话？——检查参与者之间的理解。
- 你知道你刚才说了什么吗？——检查一致性。
- 我们在讨论什么问题？——集中关注所讨论的问题。

正如最后一个问题所表明的，欧洲苏格拉底式教学风格的一个特点是，关注手头的问题，讨论的重点在于参与者的经验和思考，而不是他们所阅读的内容或经历的第二手资料。其目的是在所有参与者之间达成某种形式的共识或协议。为了创造最佳讨论条件，建议每次探究最多12名参与者参加。

这一过程的一部分是在每节课结束时进行回顾或元对话，学生和教师写下他们对讨论的想法。这提供了一个安静反思的机会，并帮助参与者探索他们自己对所说内容的理解。这些回顾可以作为辅助备忘录或通过引入新的探究成为下一节课的起点。

戴维·玻姆提出了一种更为开放和创造性的苏格拉底式对话方法。在玻姆看来，对话的概念是指对话应该是人与人之间意义的自由流动，就像一条小溪在两岸之间流动。这些"河岸"代表了参与者的各种观点，他们将这些观点抛诸脑后，加入源源不断的新的想法。对于玻姆来说，创造性的对话除了探究思想的运动、探究集体"共同思考"的过程外，没有其他议程。作为苏格拉底的追随者，他认为，对话对人类来说是一项艰巨的任务，因为对话中经常充斥着冲突和预设，这些冲突和预设阻碍了问题的解决或对真理的更好理解。玻姆的对话是一种探索性的谈话形式，参与者在一起谈话时，试图"暂停"他们的信念、观点和判断，以便让团队的思维更具创造性。玻姆的对话不同于团体探究，因为它没有议程，没有目标，也不寻求解决问题。它只是探索团体内部的思维，让参与者审视他们的先入之见和偏见并从中学习，为对话中出现的新事物创造一个"自由空间"。教师可以通过邀请他们的班级或小组学生分享他们可能有的任何想法或问题，看看对话会把他们带到哪里，从而在课堂上复制这一模式，为学生可能拥有但没有其他机会表达的各种想法留出空间。它可以用作讨论结束时"最后的总结"的理想形式，创造了一个空间，可以让参与者提出任何最终的想法、评论或问题，而不需要其他人给出回应。

儿童哲学与苏格拉底式对话

在美国，由马修·李普曼、安·夏普等人发展起来的团体探究传统受到了苏格拉底、约翰·杜威和查尔斯·桑德斯·皮尔士等的哲学思想的影响。李普曼的儿童哲学课程[1]与源自苏格拉底式方法的教学实践之间有许多相似之处。但儿童哲学方法与欧洲传统的苏格拉底式对话也有一些不同之处，如表5.3所示。

---

[1] 马修·李普曼，《教育中的思考》（2003），第2版。

表5.3 儿童哲学与苏格拉底式对话

儿童哲学	苏格拉底式对话
以哲学故事为出发点	以哲学问题为出发点
范围自由的讨论	专注于一个问题
不同观点的表达	争取意见一致
通过对话进行探究	对话包括元话语
在讨论前写出问题	在讨论中写出问题/陈述
口头对讨论进行回顾	书面对讨论进行回顾
后续活动和练习	进一步的对话

儿童哲学课程由专门编写的哲学小说和故事组成,辅以讨论计划、活动和练习。在苏格拉底式对话中,不需要使用特殊的教育材料。一个哲学问题由讨论的促进者来选择,对话的一个重要元素是元话语。鼓励促进者和参与者思考讨论是如何进行的,并在任何时候表达他们对其他人行为或解决问题方式的喜欢或不喜欢。元话语允许在不影响讨论内容的前提下,将讨论过程中可能出现的情感和挫折公之于众。在儿童哲学中,探究团体的问题被写在黑板或白板上,主要是为了在课程开始时设定议程。而在苏格拉底式对话中,问题和陈述被添加到讨论中,以提供一个概述并监控对话的进展。

苏格拉底式对话的目的是达成共识。促进者鼓励参与者重新构思他们之前说过的话,并用他们自己的话表达其他人的观点,以便把重点放在讨论主题的一致观点上。儿童哲学的促进者倾向于强调"跨越差异的对话",在这种对话中,不同的观点可以受到挑战和质疑。苏格拉底式对话更具指导性。促进者将注意力集中在正在讨论的问题上,而在儿童哲学探究中,讨论是间接地向前推进的,正如李普曼所说,就像一艘船在风中颠簸,最终可能会讨论一系列广泛的问题。

尽管儿童哲学和苏格拉底式探究在重点和实践方面存在差异，但对哲学探究实践的信念可以将这两种方法统一在一起，这种信念认为，哲学探究是一种共享的经验，重视参与者提出重要问题的意义，在这种经验中，教师或促进者"在哲学上是自我谦逊的"，并保持在学术上的无知角色。重点是学生要想什么、要说什么，而不是教师要说什么。事实上，在苏格拉底式对话中，教师的基本角色是提问者和讨论的促进者。以下是实践中的一个例子，摘自与一群11—12岁的孩子关于思考的讨论：

> **你是一直在思考，还是只是偶尔在思考？**
>
> 作者：你是一直在思考，还是只是偶尔在思考？
>
> 理查德：这取决于你说的思考的意思。
>
> 作者：你认为思考是什么意思呢？
>
> 理查德：当你睡着的时候，你并没有真正地在思考，因为你没有在心里自言自语。
>
> 马克：只是偶尔想一下。
>
> 托比：你放松的时候。
>
> 尼克：你休息的时候。
>
> 亚历克斯：你不只是放松……你还可以睡觉。
>
> 保罗：当你睡着的时候，你的大脑还在工作……就像在做梦一样。
>
> 作者：所以思考和你的大脑仅仅在工作是不同的吗？
>
> 萨拉：思考就是在心里对自己说话。你对自己说话，就像在谈话一样。
>
> 露西：并和别人说话。
>
> 埃玛：我认为思考就是用语言表达。
>
> 作者：你能不用语言思考吗？

汤姆：你能不用语言思考……你也可以用图片来思考。

伦纳德：我同意汤姆的看法。你可以用文字和图片来思考，就像我在想卡通片时一样，那就是文字和图片。

作者：大家都同意你是用文字和图片来思考的吗？

孩子们：是的。

作者：我们是否决定了在睡觉时我们也在思考？

汤姆：不，你必须保持清醒。你必须知道你在思考，否则你就不是在思考。

邓肯：我不同意汤姆的看法。如果你在做梦，那么你是在思考……

汤姆：不，因为你不能改变任何事情。你不知道发生了什么。

尼克：思考就是你的思想。你的思想就是你思考时得到的东西。我想，他想……

作者：也许问问……会有帮助。你能不假思索地思考吗？

托比：你不能不假思索地思考。

海伦：你得想想办法。如果你不……

莉莎：你不能什么也不想。

海伦：不，我同意保罗的观点，你的脑子里总是在想一些事情。没有什么都不做的时候，否则你就死了。是一个死去的头脑。

理查德：当你失去知觉时会发生什么？

李：如果你昏过去了，你还在思考，但你不知道你在思考什么……意思就是，你失控了……你疯了。（笑声）

尼克：你可以什么也不想。

汤姆：但是如果你什么都不想，那你也一定是在想什么。你不能什么也不想。如果你什么都不想，你就没有在思考。

托比：如果你脑子里什么都没有，那你一定也在想什么。

理查德：这是不可能的，不是这样的。

> 作者：如果你在想"什么都没有"，你会是什么都没想吗？
>
> 尼克：是的，如果你什么都不想，那就什么都没有了……一片虚无。
>
> 阿什莉：我不同意尼克的观点，因为如果你想到"什么都没有"，你仍然在想一些事情。
>
> （在进一步讨论了思考的本质后，我试图通过一个问题来结束讨论，总结并就相关学生的观点达成共识。）
>
> 作者：关于思考和做梦的区别，你现在能说些什么？
>
> 理查德：你可以控制你的思想，但你不能控制你的梦。
>
> 李：是的，并不总能弄明白梦境的意思。
>
> 杰拉尔德：白天的时候，你一直都在思考。你有成千上万的想法……但是只有几个梦，或者没有梦。
>
> 柯丝蒂：你不能控制你的梦，但是你可以通过思考一些事情来开始思考。
>
> 莉迪娅：就像我们现在做的一样。
>
> 安妮卡：你不能控制你的梦……
>
> 作者：谢谢。我想我们现在得停下来了……有谁能想到其他我们没有问过的、关于思考的问题吗？
>
> 亨利：你能在你妈妈的肚子里思考吗……我是说，在你出生之前？
>
> 作者：这很有趣，谢谢。好的，你们能写下对我们所讨论内容的想法，或者为下次讨论准备的任何问题或想法吗？[1]

在这段对话中，促进者试图模仿苏格拉底的方法，在与孩子们的哲学课上使用欧洲和美国传统的元素：允许讨论在小组之间来回切换，不带评判性，以提问的形式介入讨论的主题，并鼓励孩子们在课程结束时复习或进行"思

---

[1] 这段对话来自作者在西伦敦学校进行的"小学中的哲学"研究项目。

考写作"。

苏格拉底式教学法对教育的促进作用，并不仅仅表现在这样正式的讨论中，苏格拉底式提问可以作为所有课程的教学策略。

什么是苏格拉底式提问？

教师问学生的问题可以分为许多不同的类型，但最常见的区别是开放式问题和封闭式问题。[1] 研究表明，教师最常使用的问题是封闭式的、事实型问题。[2] 这些问题都是反问，也就是说，教师知道问题的正确答案并在用这些问题测试学生对知识的掌握。开放式问题是教师不知道答案而在问学生真正的问题。当问题是一个对于探究的真正邀请时，例如"你是怎么想的？"，它们就会变成苏格拉底式问题。苏格拉底式问题为思考和回答提供了刺激物，而苏格拉底式问题与随机的开放式问题的不同之处在于，它遵循一种模式，即有一系列探究原因和假设的后续问题来进一步推进探究。有些问题，比如"我们为什么在这里？"，可能是一个普通的开放式问题，也可能是一个邀请进行哲学探究的问题。

据说，苏格拉底把教育称为"思想的节日"，哲学探究在本质上是对观点的庆祝。苏格拉底式问题帮助我们把思想或概念作为思考的基本成分。所有的想法都由问题引出，都将被视为真理的潜在来源。这样的问题邀请我们关

---

[1] 参见罗伯特·费希尔在《教孩子学会学习》一书中的"促进思考的提问"（Questioning for Thinking）部分的论述，第 16—31 页。
[2] 有关提问的更多研究请参见：N. 摩根（N. Morgan），J. 萨克斯顿（J. Saxton），《提问式教学与学习》（*Teaching Questioning and Learning*, London: Routledge, 1991）；E. R. 雷格（E. R.Wragg），G. 布朗（G. Brown），《小学课堂上的提问与中学课堂上的提问》（*Questioning in the Primary School and Questioning in the Secondary School*, London: Routledge, 2001）。

注我们熟悉的日常经历（劳伦斯对思想的定义是"全身心投入"），深入探究事物，探索我们在那里发现的奇迹和神秘。这些问题促使我们去探索或"深挖"，并清晰地思考我们用来构建对世界思考的概念。

苏格拉底式问题可以为任何讨论增添一丝严谨，无论是对于历史、艺术、科学、其他课程主题，还是在各个层次的教育，无论是从幼儿园到大学，还是在学校、家里或生活中的集市上。它们有助于将讨论从无组织的交换逸事、知识或缺乏支持的观察转移到有目的和方向的讨论上来。最终的目标是让问题成为学生问自己的内在化问题。事实上，用来评估任何探究有效性的标准是，将学生提问的数量与教师提问的数量进行比较。研究表明，教师通常应该少问一些问题，但要问更好的问题。这些"更好的问题"是什么？没有一组固定的苏格拉底式问题，但是下面的列表提供了一个开放式的、苏格拉底式问题的总结表，也可以作为促进更好思考的邀请问题。[1]

苏格拉底式问题

1. 需要澄清的问题

你能对……解释一下吗？	解释
你说……是什么意思？	定义
你能给我举个……的例子吗？	举例子
它怎么帮助……？	支持
有人有问题吗？	询问

---

[1] 有关苏格拉底式问题的列表，请参见：M. 李普曼，A. M. 夏普，R. 奥斯坎尼（R.Oscanyon），《教室里的哲学》(*Philosophy in the Classroom*, Philadelphia, PA: Temple University Press, 1980)；L. 斯普利特，A.M. 夏普，《促进更好思考的教学：团体探究》(1995)。

2. **探究原因和证据的问题**

你为什么认为……？	形成一个论点
我们怎么知道……？	假设
你的理由是什么？	原因
你有证据吗？	证据
你能给我举个例子 / 反例吗？	反例

3. **探索不同观点的问题**

你能换个说法吗？	重述一个观点
还有其他观点吗？	推测
如果有人建议……怎么办？	不同的观点
不同意你观点的人会说……？	反论
那些观点 / 想法之间有什么不同……？	区别

4. **测试含义和结果的问题**

你说的……是什么（或我们能从中得出什么结论）？	含义
这与之前所说的一致吗？	一致性
这将带来什么后果？	后果
这有一个普遍的规则吗？	普遍化规则
你怎么能检验它是不是真的？	检验真理

5. **关于问题 / 讨论的问题**

你对此有什么问题吗？	提问
这是个什么样的问题？	分析
刚才所说的 / 这个问题对我们有什么帮助？	建立连接
我们有什么结论 / 谁能总结到目前为止的讨论？	总结
我们是不是越来越接近问题的答案了？	得出结论

苏格拉底式教师承担起提问的角色，为孩子们做出示范。当他们反思自己的教学时，他们会问自己："对这门学科来说，最基本、最关键的核心问题是什么？"在寻求问题的答案时，教师意识到孩子们的信念有两个来源：

- 来自别人的信念，就是相信别人告诉他们的。
- 孩子自己形成的信念，这是由个人经历、思考和与环境的互动包括与同龄人的互动造成的结果。

第一种是接受的信念，对于第二种，我们可以称之为运算信念（operational belief）。第一种信念的来源是别人对现实的解释。孩子们学会用语言表达这些信念，例如，通过说他们必须做什么或不要做什么，但是他们不一定把它们纳入他们自己的运算信念体系。他们说他们应该做的并不总是他们会做的。第一种信念控制他们的言语，第二种信念控制他们的行动。第一种信念来自他们代表别人所做的事——"因为我的老师让我这么做"。第二种信念是他们为自己做的事。他们学会了生活在两种信念体系中，而且往往无法认识到这两种体系之间的矛盾。他们的信念也可能只停留在直觉层面，或者还没有形成。

信念的内在来源决定了孩子如何看待这个世界。它们是孩子理解世界的结果，是他们根据自己的感觉和自身利益对世界做出的回应。这些没有经过思考和表达的以自我为中心的信念，往往成为孩子行动和做出回应的基础。在这些自发形成的信念中，有的是理性的、合理的，有的与教师和父母的信念不一致。由于与权威和公认的智慧发生冲突，许多信念没能提升到意识层面。它们是苏格拉底所说的"未经审视的生活"的一部分。孩子们可能形成了关于世界和他们在世界中位置的各种理论，形成了他们自己的心理学、社会学、科学、语言和其他学习领域的理论，以及自己作为思考者和学习者的观点。这些理论、信念和观点可能成为学习和充实生活的绊脚石。

意识到这一问题的苏格拉底式教师力图为学生提供一种环境，使他们能够在其中发现和探索自己的信念。这样的教师为深刻的讨论创造了机会，并鼓励学生通过反思性思考将行动信念带入意识层面。

如何促进苏格拉底式讨论？

苏格拉底式讨论有三种：无计划的探究、哲学研究和解决问题。[1]

无计划的探究

> 哲学始于惊奇。
>
> ——柏拉图［《泰提塔斯篇》（*Thaetetus*），155 D］

以苏格拉底精神进行的探究可以在任何时间、任何地点进行：思考和探究并不仅局限于计划好的活动。我们的目标应该是保持我们的惊奇和好奇心。有人说这是永葆青春的秘诀。它可以由所说、所做或所见的某件事引发。当诗人丁尼生（Tennyson）在一堵有裂缝的墙上发现一朵花时，他惊奇地说：

> 墙缝里的花，
>
> 我从裂缝中将你采出，
>
> 放在手中，连根一起拿到这里，

---

[1] 这种对苏格拉底式讨论的描述在很大程度上归功于理查德·保罗的著作。参见：R. 保罗，《批判性思维：如何让学生为应对一个快速变化的世界做好准备》（1993）。

小花——假若我能完全地了解你，

我必也能知道，

上帝和人类是什么。[1]

偶然的时刻，比如，看到一朵特别的花，或者听到一个孩子奇怪的评论或问题，就提供了当场提出问题的机会。如果以学生的切身利益为中心，毫无计划的苏格拉底式讨论会被证明特别富有成效。虽然这类活动没有预先的计划，但我们可以通过熟悉一系列苏格拉底式问题，准备好利用提问的机会与学生分享我们对世界的惊奇。

哲学研究

我们确定的联系和互动越多，我们就越了解所讨论的对象。

——约翰·杜威

哲学研究是一种探索性的探究。这是一个通过探索联系和关系来更好地了解事物的过程。探究可以来自教师提出的问题，也可以来自孩子们的评论和问题。对数的本质的探究（见下文）包括教师提出的一个问题，这个问题可以作为让孩子提出问题的刺激物。

一种方法是，在适当的时候提出一些开放式问题进行研究。一次，当课堂讨论要结束时，我问了一个探索性问题："你怎么知道我是费希尔先生？"一阵沉默后，一个孩子举手说："你怎么知道你是费希尔先生？"

另一种刺激研究的方法是，收集学生的问题，并尽可能展示这些问题。

---

[1] 更多以诗歌作为哲学讨论刺激物的讨论请参见：罗伯特·费希尔，《用于思考的诗歌》（1997）；罗伯特·费希尔，《给幼儿园和小学教师的用于思考的诗歌》（2000）。

问题箱、提问时间、问题板或问题簿等都是教师在课堂上鼓励好奇、鼓励学生提问和探究的方式。以下是由 6 岁孩子提出的可以作为探究起点的问题：

如果我有两只眼睛，为什么我看不到两个你？
我们怎么能确定一切都不是一场梦呢？
花儿是快乐的还是悲伤的？

研究的本质是提出问题。正如英国剧作家 N. F. 辛普森（N. F. Simpson）曾经说过的："假设我们解决了它带来的所有问题？会发生什么？我们最终会遇到比开始时更多的问题，因为这就是问题繁殖的方式。单独一个问题会枯萎或腐烂。但是，用一个解决方案来滋养一个问题——你会孵化出几十个问题。"孩子们在提出问题、识别问题、解释问题和行动方面需要帮助，而让他们参与哲学研究是帮助他们成为自己世界审问者的最好方法。

解决问题

解决问题不是通过提出新的信息，而是把我们已知的内容整理好。哲学是一场用语言来对抗我们迷惑智慧的战争。

——路德维希·维特根斯坦

[《哲学研究》（Philosophical Investigation），1.109]

哲学可以被定义为批判性思维和创造性思维在有疑问的问题上的应用。哲学的问题往往是概念性的，需要仔细分析词语和意义，但它们也可能涉及寻求实际的解决办法并提供过上更好生活的方法。我们可以把概念分析，即对语言的意义和用途的研究看作纯粹的哲学。对于一些现代哲学家来说，这是唯一的一种哲学。但还有一个更传统的分支，我们可以称之为应用哲学。这类哲学可能涉及研究，从而加深对概念的理解，但它会把这种理解应用于实际的问题。对苏格拉底来说，哲学使他更好地理解和实践美德。

生活本身就是成问题的。在学习或人类活动的任何领域，我们总是可以问："出了什么问题？"更普遍的是，我们可以问："什么是一个问题？"

一个问题至少可以用三种方式来定义：

- 一些难以理解、难以完成或难以处理的事情，例如，很难理解孩子们为什么会互相欺负彼此；
- 一个需要解决的难题，例如，如何防止欺凌是一个问题；
- 一个通过计算来解决的问题，例如，一个数学或逻辑问题。

哲学问题不同于数学问题，它有不止一种可能的解答，而解决这个问题就是运用判断力的问题。一个好的问题能做的就是把人们的注意力吸引到问题本身上来；对孩子们来说，分析什么是一个好问题是非常有益的。当他们习惯于提问和思考问题时，他们的问题就会变得更流畅、更灵活、更精致、更新颖。

拓展和发展学生思维的策略包括：

- 思考时间：鼓励暂停一会儿，或者安静地思考一个话题。记住，在你问完一个问题后，要给学生至少 3 秒钟的思考时间，在学生给出答案后，也要给他们 3 秒钟的思考时间。
- 思考—配对—分享：给个人思考留出时间，让学生邀请同伴讨论问题，然后在课堂上展开讨论。

- 要求跟进：通过问一些挑战学生思维的问题，比如，"为什么？""你同意还是不同意？""你能再说一遍吗？""你能举个例子吗？""描述一下你是如何得出这个答案的"（说出思考），以此帮助他们扩展或明确自己的观点。

- 不带判断：用非评价性的方式对学生的回答做出反馈，不要说你是否同意，而是给出积极但中性的反馈，比如，"谢谢""好的""那很有趣""好吧""啊哈""我明白了"。

- 邀请整个小组来回应：比如，通过调查意见，鼓励整个小组做出回应："有多少人同意/有多少人不同意这个观点？"（举手/拇指向上或向下）或者邀请别人提问："听到这个，我们可能会问什么问题？"

- 要求总结：通过要求总结说过的内容来促进积极的倾听。比如："你能总结一下金的观点吗？""你能解释一下简刚才说的话吗？""你能告诉我到目前为止的论据吗？"

- 允许学生提名发言人：让学生指定下一位发言人。比如，你可以说："李，请你再选一个人来回答好吗？"或者"当你表达完自己的观点后，你可以要求别人（举手）来回应。"

- 扮演魔鬼代言人的角色：通过提出相反的观点，或者问学生一个反例来挑战学生，让他们为自己的观点给出理由，比如："谁能想出一个不同的观点/论点来反驳这个观点？"

- 邀请一系列的回应：通过邀请学生考虑不同的观点来示范开放的思想："这个问题没有唯一正确的答案。我希望你能考虑其他的可能性。"随机要求学生做出回应，有时要避开那些经常举手的学生。

- 鼓励学生提问：邀请学生在讨论之前、期间和之后提出自己的问题，比如："想想你可能会问什么问题。""有人对所说的内容有疑问吗？""你认为还有什么问题需要回答？"

苏格拉底式提问方式意味着认真对待学生说了什么、在想什么，他们的意思是什么，在哪些方面那是正确的或有意义的，并对此表现出真正的兴趣。如果你对学生说的话的意义和真实性感兴趣，那么你的好奇心就会转化为探究问题。通过与学生分享自己的惊奇，教师传达了对学生思考的兴趣和尊重，并向学生示范了如何对他们所看到和听到的事物的意义和真相表现出同样的好奇心。我们要传达的信息是，我们应该认真对待每个人的想法。

以下是在课程伊始使用"思考—配对—分享"策略进行的苏格拉底式探究：

> **什么是数？**
>
> 在课程伊始，与9—10岁孩子进行的哲学探究[1]：
>
> 教师：我想让你们思考这个问题："什么是数？"先别举手。我只是想让你们想想。什么是数？为什么要用到数呢？数从何而来？是有人发明的吗？它们去哪里？……这个房间有几扇门？
>
> 一个孩子：两个。
>
> 教师：如果我把这两扇门拿走，这样就没有门了，那么数"2"要去哪里？我想给你们一些思考的时间，自己独自想想：什么是数？为什么我们有数？它们来自哪里？它们是什么？我给你们几分钟考虑一下。
>
> （两分钟的思考时间过去了）

---

[1] 引自教研员黛比·佩西（Debbie Pacey）的一堂课。

> 教师：现在我想让你们做的是转向你们旁边的人并与他谈谈你的想法。告诉你的同伴你一直在想什么。记住要仔细听你的同伴说了什么。想想你要如何表现出你在听他说话。每个人都准备好了吗？预备……开始。
>
> （大约三分钟的讨论时间过去了）
>
> 教师：现在我要给你们每人一张纸，请你们写下自己的一些想法。如果你愿意的话，也可以给它们编号，但你不必一定要这么做。在纸的顶端写上"什么是数？"或"什么是一个数？"以确保你们都同意所写的内容，并且知道所写的内容。
>
> （两分钟的写作和讨论时间过去了）
>
> 教师：在你认为最重要、最有趣或你想要分享的两个陈述或问题前面加上星号。现在，我要让你们和小组讨论后一起选择其中的一个观点，我要把它写在黑板上，只是为了确保它是准确的，是你们真正所说的……
>
> （然后，教师把孩子们的评论和问题写在黑板上，并写上提出这一评论或问题的一对孩子名字的首字母。她会让孩子们找出任何评论之间的相似之处或关系，然后选择一个进行持续的讨论。）
>
> 更多关于数学课上的哲学探究，请参见第七章。

要记住倾听的一个策略是：暂停—探究—表扬。暂停以思考，探究以提问，并对通过说、听和深思熟虑的回答认真参与讨论的努力给予表扬。要学习如何成功地参与苏格拉底式讨论，必须学会仔细听别人说了什么，要寻找原因和假设，考虑含义和后果，寻找例子和类比，注意支持的证据和对论点的反驳，并对所知道的和所相信的做出区分。

> **四种问题、论证或讨论**
>
> 概念性（conceptual）——关于词语和观点的含义。
>
> 经验性（empirical）——关于证据和事实。
>
> 逻辑性（logical）——关于推理以及可以推理出什么。
>
> 评估性（evaluative）——关于是什么和应该是什么的判断。

无论是有计划的还是无计划的探究都包含四种类型的问题、论证或讨论。[1] 第一种是概念性的，与词语的意义有关。生活中产生的分歧和误解往往是因为对词语有不同的理解。任何哲学探究的目的之一都是鼓励谨慎使用和定义词语。一种方法是鼓励孩子区分相似的概念，例如，"爱"和"喜欢"之间的区别是什么？"艺术"等同于"工艺"吗？"知道"和"相信"是一回事吗？使用维恩图可以显示词语和想法之间的区别与联系。这些差异并不仅仅是"语义"的问题，而是与词语和意义的准确匹配有关，这样我们才能有清晰的思维，并有一些共同的标准来判断理由和论据的价值。因此，我们总可以在问题之后或讨论时问："你说……是什么意思？"

第二种是经验性的，是关于事实的。我们可能会同意或不同意现实生活中的一些事情，不管是已经发生的还是没有发生的。当我们让一个孩子举一个例子来说明一个观点时，可能会有一个关于证据的真实性或可靠性的问题。证据问题在法庭上非常重要，从某种意义上说，苏格拉底式探究也是为了法庭上的公正和严谨。所有关于事实的主张都有可能受到挑战，比如："你的证

---

[1] 我感谢维克托·奎因对此做出的分析。

据是什么？"或者"你是怎么知道的？"

第三种是逻辑性的，与检查推理的正确使用有关。这可以通过演绎逻辑或推论来进行。演绎（deduction）是指一个概念合乎逻辑地从另一个概念得出。例如："人都是有死的。女王是人，所以，女王是有死的。"在这一论证中，结论被从两个前提中推出或逻辑地包含在两个前提中。这并不能证明结论是正确的，因为它所基于的前提或假设可能是错误的。它只是从逻辑上得出的论点。另一种逻辑论证是推论（inference），即我们从使用的证据或理由中得出结论。当夏洛克·福尔摩斯说他在使用演绎时，他的意思是他从证据中推论出一个结论。从严格的逻辑意义上说，它不一定是正确的，而是一种合理的信念，这种信念在没有合理怀疑的情况下是正确的。然而，我们总是可以问这样一个问题："你有什么理由？"或者"你能证明吗？"

第四种是评估性的，与我们对什么是对的、什么是应该相信的判断有关。在这里，我们可能需要考虑一个论点的含义或后果。"如果这是真的，接下来会发生什么？"如果我们考虑到论证的不同方面——我们使用的词语的含义、我们拥有的证据和我们使用的理由，我们更有可能形成更好的判断。

苏格拉底式讨论应该是论证而不是争吵。争吵是一种个人化的争论，其目的在于赢、获得得分，以及确立对对手的统治地位。争吵的动机是自我导向的，而不是理性的，是由情感驱动的（有时是盲目的），而不是以理性驱动的。争吵的问题在于，双方都不承认自己错了。对一些孩子来说，他们看到的唯一一种论证就是争吵，无论是在电视辩论中还是与家人和朋友。苏格拉底式讨论的目的是自我纠正，并引导建设性地解决分歧。这是一项与2500年前同样困难和同样重要的挑战。

通过对话教学，通过关注提问和解释，每一个学习者都成了老师，并在不断寻求理解和值得过的生活方式中发挥着作用。

儿童需要明确的良好对话的示范和框架来帮助他们内化和提高对话与探究的技能。一个哲学探究团体就提供了这样一种示范。在这个安全的环境中，孩子们有机会提问，有机会进行批判性的思考，有机会进行创造性的思考（用有趣的想法、用想象力来思考）。一个好的对话是关于挑战的，是与观点的角力，但也是与观点的共舞。正如10岁的安娜所说："好的哲学讨论就像跳舞，你会有不同的舞伴……音乐突然变了，你必须换新的舞步。"[1]

对话式教与学

以下是一些有助于反思和讨论对话式教与学的问题：

- 对话和日常谈话有什么不同？
- 对你来说，对话教学中最重要的元素是什么？
- 怎样才能使对话成为苏格拉底式的？
- 对你来说，苏格拉底式对话的优缺点是什么？
- 你如何描述儿童哲学和苏格拉底式对话之间的差异？

---

[1] 引自：罗伯特·费希尔，《舞动的头脑：苏格拉底式对话与梅尼普式对话在哲学探究中的运用》，《国际英才教育》，2007年，第22卷，第2—3期，第148—159页。

第六章　学校里的哲学

哲学是一种黏合剂，可以帮助把所有独立的学科结合起来。

——马修·李普曼

哲学在所有课程中都很有用，因为它能帮助你思考和学习。

——拉希姆，10岁

哲学对话有助于在课程的各个方面理解抽象概念。使用讨论对于理解任何学科结构都是必不可少的。如果我们剥夺了学习者通过对话来表达意义的机会，那么我们就剥夺了他们交流和拓展理解的机会。参与讨论的行为迫使学生说出他们的想法，重建他们的经验，并消除误解和大致形成理解。通过团体探究汇聚的想法，小组通常会找到解决个人无法解决问题的方法。与作为一个独立解决问题的个体相比，学生通过参与团体探究可以解决更多的问题。在一个小组中分享想法将有助于学生培养自信心和共同努力的意识。8岁的金说，"一起交流能帮助我思考问题。"

哲学对话没有固定的课程——它可以应用于探索任何学科领域的概念内容。在学校里，这可能意味着要像李普曼和他的追随者所倡导的那样，为哲学探究留出专门的课程，或者可以将哲学探究渗透于所有课程。哲学对话更适合用于需要探索概念的科目，如英语文学、宗教教育和公民身份等学科。然而，哲学探究可以用于任何需要反思和需要更好地理解概念的科目。哲学是为了理解概念，因此可以应用于探究个人或国家问题，小说和诗歌中的问题，计算机、电视或电影中的图像，图片、歌曲和社会活动等中。无论哲学讨论应用于哪个学科领域，它都可以帮助孩子们以对他们来说很重要的方式来审视这个世界。正如 10 岁的杰玛所说的："无论你在学什么，哲学对你学的所有课程都有帮助。"当被问及为什么会这样时，她说："因为这会让你产生疑问，并且想知道为什么会这样。"

将团体探究作为整个学校理念的一部分，将可以使作为哲学探究的团体探究方法发挥最有效的作用。例如，它可以帮助学校明确行为管理方法，以及学校愿景与学校中所有人的权利和责任的关系。对话法对学校产生影响的方式之一是恢复性纪律（restorative discipline）实践。

恢复性纪律

当在小学和中学全校范围内使用恢复性方法时，这种方法被证明在改善学生行为和学习方面非常有效。调查发现，使用恢复性方法进行行为管理的学校需要排除的不良行为更少，不良行为事件的发生也有所减少。

恢复性方法基于四个关键特征：

- 尊重——通过倾听他们的意见并学会重视他们的意见而尊重每一个人。
- 责任——对自己的行为负责。
- 修复——发展必要的技能，以确定修复伤害的解决方案，并确保伤害行为不会再出现。
- 重新融入——通过一个有组织的、支持性的过程来解决问题，使违规者重新融入团体。

恢复性纪律方法源于这样一种认识，即当我们是团体的一部分时，我们做得最好。要做到这一点，我们需要了解团体是如何运作的，意识到我们对团体的责任并掌握沟通技能。恢复性纪律是被称为恢复性正义（Restorative Justice）这一更大理念的一部分，这一过程旨在通过讲真话、对冲突中的行为和造成的任何伤害负责，以及对团体负责的方式来解决冲突。

恢复性纪律"在我们学校被证明是一个非常有价值的工具，因为它不仅让施害者看到了他们行为的影响，而且也让受害者有机会看到是否自己的某些行为导致了冲突。团体探究方法通过给每个人同样的发言机会做到了这一点。团体探究给他们提供了一个讲真话的安全的环境。这一切都是为了帮助他们说出自己的感受，并练习公平对待他人"，一位小学校长这样说道。恢复性纪律关注的是某一特定事件或一系列事件对他人造成的伤害，每个人都有机会回答关于该事件的相同的问题，因此相互冲突的两方意见都可以被大家听到。团体探究讲究对话的平等，这确保了对话过程的公平性。对话或会议结束后，双方将被鼓励就未来如何对待彼此达成共同协议。当一切进展顺利时，所犯的任何错误都可以得到承认，施害者也会表达出真正的悔过之情。正是在这一过程中产生的懊悔感使参与者产生责任感并做出改变。一个施害者在一次恢复性纪律的讨论后说："我从不知道我所做的事情这么严重，所以我一直没停止这样做，但现在我们已经讨论过，我知道了它的影响，所以我会阻止我和其他人在未来还这样做，我会纠正这种行为。"

学习哲学探究的实践是为在学校中实施恢复性方法所做的理想准备，因为它有助于学生培养解决冲突的技能，认识真相，形成责任意识并培养对他人的同理心。通过了解造成的伤害，它让涉事双方一起找出一个解决方案。这使他们能够自己掌握解决方案，从而更有可能成功地解决问题。

将儿童哲学作为恢复性纪律政策一部分的学校反馈道，学生的行为和出勤率得到了改善，欺凌事件减少了，被开除以及受到惩罚的学生也减少了。他们通过实施修复性方法（如团体探究）来发展团体、社交和沟通技能，从而实现了这些成果。这些技能包括超越意见分歧进行协商和对话，改善沟通，将讨论中的概念用语言表达出来，以及积极的倾听，如轮流发言、倾听他人和表示尊重。像团体探究一样，修复性对话是一个过程，关注了解事物的真相和行为的真正影响，对自己的观点负责，愿意改变主意并同意最好的解决方式。

恢复性纪律方法尊重施害者和受害者双方公平听证的权利。对于受害者而言，使用修复性方法的好处包括有机会参与对他们来说至关重要的过程，通过参与对话使他们能够表达自己的想法、提出问题和讨论解决方案。对于施害者而言，使用修复性方法的好处包括有机会解释发生了什么，了解他们行为造成的伤害，并有机会通过承认错误和道歉来弥补伤害。

尊重权利的学校

恢复性纪律方法可被视为联合国儿童基金会"尊重儿童权利学校奖"（Rights Respecting Schools Award，简称RRSA）实践的一部分，该奖项旨在表彰将联合国《儿童权利公约》作为学校规划、政策、实践和理念的核心所取得的成就。一所尊重儿童权利的学校不仅教授儿童权利，还会给学生示范所有关系中的权利和尊重：教师/成人和学生之间、成人之间以及学生之间。

儿童权利是儿童哲学的核心，联合国《儿童权利公约》为尊重儿童权利的活动如哲学讨论提供了一个框架。《儿童权利公约》将"儿童"定义为每个18岁以下的人，其主要规定如下：

- 童年的权利
- 受教育的权利
- 健康和免受伤害的权利
- 受到公平对待的权利
- 被听取意见的权利

被听取意见的权利包括将他们的观点纳入考虑的权利。探究团体应该是一个支持儿童和青少年权利的利益共同体。《儿童权利公约》为了解全球公民身份提供了一个极好的起点，但没有为教育提供工具，团体探究提供了一个通过儿童的积极参与进行权利教育的过程。

团体探究为儿童和成人提供了一个平台，让他们一起在学校生活的各个方面建立起和维持一个尊重权利的学校共同体。当每个孩子都有权在所有影响他们的事情上发表自己的想法并且他们的想法得到认真对待时，儿童就有能力成为积极的公民和积极的学习者。正如老师们所说的：

儿童哲学有助于建立一个包容和尊重权利的学校共同体。

通过团体探究，孩子们学会了如何为他人的权利说话和挺身而出。

知道他们有权在影响他们的决定中发言，这不仅增强了他们的安全感，而且增强了他们的自信心。

学会思考与学习

哲学讨论发展了儿童在其他课程中可能不会用到的思维方式，包括提出在这个世界上有关生命和生活意义的存在主义问题，以及寻求答案的能力。它还有助于培养利于所有课程思考和学习的智能行为技能和习惯，培养生活技能和在未来积极参与公民社会的技能。这些终身学习技能包括：

- 讨论技能：与他人进行深思熟虑的对话的能力，包括乐于接受不同的意见。正如一位老师所说："哲学课帮助年幼的孩子们成为了勇敢的交流家。"讨论技能是通过以下问题来培养的，比如：什么是好的讨论？好的讨论的规则是什么？你如何判断一场好的讨论？
- 信息处理技能：通过寻找概念和观点的意义，运用精确的语言表达我们的想法。正如10岁的保罗所说："哲学很好，因为它能帮助你理解你的意思。"在讨论过程中，我们会问一些问题来获取信息，比如：我们从中了解到了什么？我们还不知道什么？我们需要知道什么？
- 探究技能：通过提问相关问题，提出问题，并参与认真、持续的研究过程。正如9岁的杰斯所说："哲学可以帮助你发现你真正的想法。"在哲学探究过程中，通过以下问题可以促进探究，例如：我们想弄清楚什么？我们想问什么问题？问题是什么？
- 推理技能：通过阅读、讨论、写作等方式进行推理和演绎，就观点给出理由。正如11岁的卡尔所说："哲学帮助我给出理由，并解释我的意思。"推理被诸如此类的问题所推动，比如：我们能推断出什么？有充分的理由相信吗？我们能解释它是什么意思吗？

- 创造性思维技能：通过想法的碰撞，产生假设，将想象运用到他们的思维中，寻找替代的解释和想法。正如 10 岁的拉维所说："发挥创意很有趣，比如思考不可能的事情，想知道它们是不是不可能的。"创造力是由这样的问题激发的，比如：我们能在这个想法的基础上提出自己的观点吗？还有其他可能的观点吗？它有什么不同之处？

- 评价技能：通过对有争议的问题做出自己的判断，制定评判思想价值的标准，评价他人的想法和贡献，练习自我批评和自我纠正。正如 13 岁的葆拉所说："哲学让你有信心发言并独立思考。"评价可以由以下问题指导：我们从这次探究中学到了什么？我们的思维是如何改变的？我们还需要考虑什么？

- 社交技能：通过关怀性思维，发展情商、自我意识能力和关爱他人的能力。正如 10 岁的苏尼尔所说："哲学课帮助我真正思考别人说了什么。"社交技能可以通过讨论来提高，比如讨论：什么是积极倾听？你如何参与讨论？你如何引导讨论？

- 公民技能：通过体现积极的公民身份和参与民主的意义。正如 11 岁的阿什利所说："我喜欢我们投票的方式，喜欢我们自己选择讨论的话题。"公民技能可以通过讨论来提高，比如讨论：什么是团体？你在团体中有什么权利？你在团体中的职责是什么？

儿童哲学将所有这些方面的思考整合到一个过程中。而最有效地达成这些目标的方式莫过于，一位有哲学意识的教师，在课堂上创建一个成功的探究团体，让孩子们就他们感兴趣的观点和问题进行开放式的小组讨论。

在课堂上创建一个探究团体

根据经常让学生参与团体探究的教师所说，学生通过参与这种特殊的讨论，培养了自尊、表达观点的勇气、倾听他人意见的意愿以及接纳不同意见等的品质。对他们来说，团体探究是一种在任何课程领域都可以教学生使用的方式，以此可以帮助学生：

- 培养好奇心，提出供讨论的问题；
- 参与有关重要问题的对话；
- 对手头的话题进行解释、辩论和推理；
- 通过形成自己的想法、观点和理论进行独立思考；
- 分享、考虑和回应他人的观点。

一个探究团体可以被描述为一个思考圈。参与者坐在一个圆圈里，或者坐成类似于马蹄形，以使得每个参与者都可以在群体中获得平等的位置和最大的视野。一旦确立了这种安排，组织一次团体探究的一般阶段可以总结如下：

- 环境布置
- 就探究规则达成一致
- 呈现一个刺激物
- 列出要讨论的问题
- 选择出要讨论的一个问题

- 引导讨论
- 回顾探究
- 拓展探究
- 评估与评价

图 6.1 显示了一个思考圈是如何促进小组讨论的。

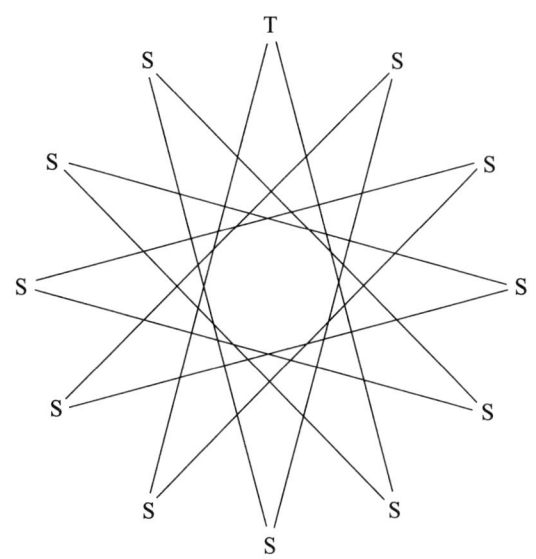

图 6.1　用于讨论的苏格拉底式坐法（S= 学生，T= 教师）

环境布置

许多课堂环境不利于讨论。教室环境是为其他过程和目的而布置的。孩子们不一定坐着舒适，或是坐得足够近可以进行眼神交流和不受限制地听到所有人的发言，也不一定是在一个不受移动和噪声干扰的房间里。无论教室的物理环境有多少限制，都要充分利用现有的条件，并记住每个孩子都应该能够看到其他孩子的脸。最理想的安排是坐成一圈，可以坐在椅子上，也可以坐在地板上。许多教师发现,创建一个类似于"思考圈"的课堂环境有助于示范和形成一种鼓励参与的团体意识[1](如图 6.1 所示)。

不同的小组规模都能实现成功的讨论,从 2 人小组到 36 人或更多人的小组。理想的团体探究人数一般在 12—16 人,这种安排给学生提供了很好的视角和参与贡献的机会。人数多的问题可以通过分成两组来解决,或者在部分讨论时间让学生以成对或者小组的形式完成任务。最重要的是,全班每个成员都有机会参与讨论。正如 10 岁的谢里尔所说,"即使在你不想发言的时候知道自己也有发言的机会,这是件好事。"

教师可以使用各种策略来帮助创建一个特殊的环境和讨论氛围。有些教师会在教室门外放一个牌子,比如"请勿打扰,哲学课进行中",或者在学校里找一个特别的地方进行持续的讨论,比如图书馆、礼堂或演播室。另一些教师更喜欢他们教室的日常环境。一位老师说:"哲学讨论只是良好的日常教学的一部分,它不需要任何特殊的环境。"另一位老师说:"花时间布置环境有助于传达我们正在做的事情的重要性。"还有一位老师说:"思考圈应该是一个共同的责任。我会跟孩子们确认他们是否认为这是最利于讨论的环境。"

在讨论开始前,可以通过思考游戏、放松技巧或冥想等练习来集中参与者的注意力。

就探究规则达成一致

许多教师在小组讨论开始时都会回顾并就小组讨论要使用的程序规则达成一致。使用"思考—配对—分享"方法通常效果很好,孩子们在与同伴或小组交流想法之前,先进行独立思考,然后再向全班汇报。这个过程从内心

---

[1] 有关讨论环境的七种布置的分析请参见:罗伯特·费希尔,《教孩子学会思考》(2005),第 162—166 页。更多关于在课堂上创造对话条件的内容请参见:罗伯特·费希尔,《创造性对话》(2009)。

的对话（思考），到口头表达，再到书面形式。重要的是，在与不同的个人、群体和班级一起形成一系列规则时，尽管主题经常重复出现，但得出的规则却是不同的，并反映出相关个体的独特特征。

以下是一个 10 岁孩子制定的系列规则示例：

1. 倾听每个人的想法和意见。
2. 给每个人同等的发言时间。
3. 当班上的另一个同学说话时，不要说话。
4. 倾听别人的想法。
5. 试着考虑对方的想法。
6. 讨论所有的想法。
7. 不要害怕提出你的想法。
8. 当你在一个小组时，要互相友好。

——唐纳，10 岁

当个人制定完规则后，就可以分组合作了。帮助讨论的一种方法是要求小组成员在相似的规则之间建立联系，并试图达成一致的最佳措辞，然后对他们商定的规则列表进行优先排序。最后，他们可以通过全班讨论发展成一个简短的列表，纳入尽可能多的想法和建议，因为儿童的判断是重要的。以下是一组经过此过程的系列规则示例：

1．与大家分享你的想法。

2．给每个人一个发言的机会。

3．考虑到每个人的意见。

4．当有人说话时，务必仔细听。

5．要通情达理，只提出合理的想法。

6．讨论彼此的想法，但注意不要打断。

7．礼貌一点，不要对别人的想法发表无礼的评论。

——10岁孩子的班

这样的规则若得到了团体的一致同意，就可以张贴出来，让所有人都能看到，作为大家一致同意的规则备忘录。在讨论过程中，每个人都有责任监督他人是否遵守规则，或者可以指定一名裁判员负责检查规则是否得到了遵守。对于一个有破坏性的孩子来说，这可能是一个特别积极的角色！对于一个小组来说，在讨论结束后的反思部分，回顾他们在遵守规则方面的成功经验是非常有帮助的。

呈现一个刺激物

哲学很好，因为你不知道你将要思考什么。

——利昂，9岁

刺激物是引发探究的起点。所选择的刺激物应该为探究提供戏剧化的场景。它应该能够让学生进入哲学家怀特海所称的浪漫阶段，即让学生做出创造性、批判性或富有想象力的回应。刺激物为思考提供了具有挑战性的环境。

它的目的是提供一个积极的认知干预，吸引学生的注意力并激发探究。探究起点应该是复杂的或具有挑战性的，足以吸引学生的密切关注。

一位老师描述了她选择刺激物的标准：

> 我会寻找在那个领域被创造出来的最好的东西之一，然后我知道我所提供的是有内在价值的东西。有时这对学生来说是很新鲜的，或者对他们中的一些人来说是很熟悉的，但是我们会用新的方式一起来看待它。

另一位老师试图选择一些她感兴趣并且她班上的孩子也会对此做出回应的东西：

> 我对孩子们说，这里有个我弄不太懂的东西，我希望你们能帮我更好地理解它。这是真的，而且他们经常这样做！

在典型的儿童哲学课程中，学生通过阅读哲学小说中的故事或情节开始思考的过程。如果刺激物是一个文本，团体可能会被要求共同阅读，如果有人不愿意读，这个人有权选择跳过。每个成员都可以被邀请阅读其中的一段。其他形式的刺激物可能包括提出一个关键问题，阅读学生自己的研究报告、诗歌或其他文本，仔细观察一件手工艺品、感兴趣的物体或图片，听一段音乐，观看一段视频或进行一次实验，或者是大家共同经历的一些事情，比如参观或实地考察。一个看似很简单的主题，比如一首流行歌曲的歌词，或者放在圆圈中间的花椰菜，都可能带来复杂的概念上的挑战。刺激物可能涉及课程的任何领域，但它应该引发学生足够的兴趣，激发他们的好奇心，并具有足够的挑战性，以引起学生的反思和讨论。

许多不同的刺激物都可以为哲学研究提供合适的主题。下面这封转载自报纸上的信，对于高年级学生以及成人的讨论来说都是具有挑战性的刺激物：

尊敬的老师：

我是集中营的受害者。我亲眼目睹了任何一位男人或女人都不应该看到的事情：博学的工程师建造了毒气室，受过教育的医生毒害了儿童，受过培训的护士杀害了婴儿，高中和大学毕业生射杀和焚烧了妇女和婴儿。

所以，我对教育持怀疑态度。我的要求是：帮助你的学生成为人。你的努力绝不能造就有学问的怪物、有技能的精神病患者和受过教育的艾希曼们。只有当阅读、写作和算术能使我们的孩子更富有人性时，它们才是重要的。

——校长致新教师的信［《碑铭》(*The Tablet*)，1992年10月10日］

呈现出最初的刺激物后，应该留出思考的时间，以便学生有足够的时间来持续关注和反思。刺激物可以重复出现，或者给学生时间让他们自己处理。在这一点上，应该鼓励学生问自己问题，思考他们刚刚看到、读到或听到的有趣的、奇怪的或让人困惑的地方。

列出要讨论的问题

我喜欢思考圈。它给你机会去思考和问任何你想到的问题。

——丽贝卡，10岁

思考圈的一个特点是参与者有时间思考、反思和提问。学生可以在探究过程中的不同时间进行安静和持续的思考，比如在讨论开始前、讨论期间或讨论结束时。思考时间长短应取决于用于探究的刺激物，要让学生有时间去思考所呈现内容中有趣的、令人困惑的或有问题的地方。在这段时间里，学生被邀请想出一个评论或问题与小组其他成员分享。这里重要的一步是，让学生制定讨论的议程，是他们在审视或学习审视刺激物以及他们自己的思维。学生可以用纸记下他们的问题，然后将这些问题与全班同学分享，并将它们写在一块黑板上让大家都能看到。

把问题写在黑板上的好处是，它们成为可见的、可传递的问题，如有必要，它们也可以成为持续的探究资源。教师可以邀请学生把自己的问题写在黑板上，也可以由教师或其中一个学生将问题抄写在黑板上。要把学生的名字写在问题的旁边，这样做既可以确认提问者，也是对在讨论中做出贡献的学生的认可。可以不用写学生的全名，用提出问题的一个学生或共同提出问题的学生名字的首字母即可。如果不同的学生提出相同或相似的问题，那么可以把他们的名字都写在问题旁边。列出的问题就是开展探究的证明，可以把这些问题呈现出来让所有人看到，并随着时间的推移不断在此列表上增加问题，在一段时间后进行反思。

什么是想象？

以下是在阅读了基特·赖特（Kit Wright）《魔法箱》（*Magic Box*）[出自：罗伯特·费希尔，《用于思考的诗歌》（1997）]一诗后提出的一些问题：

- 你的想象力能改变你是谁吗？
- 如果一幅画能画出千言万语，那么一个词能画出千百幅画吗？
- 想象力是否只影响到你的思维？
- 一首诗能影响你的想象力吗？

- 我们的想象力能影响我们的生活方式吗？
- 我们的想象力是通往另一个世界的大门吗？
- 我们的想象力有什么限制吗？
- 一首诗能改变你的生活／世界／宇宙吗？
- 一首诗能引出另一首诗吗？
- 是什么让我们有生存的意愿？

一旦列出问题，就可以通过讨论进行连接、扩展和进一步细化（参见第四章中的"问题象限"以了解问题分类的一种方法）。可以问孩子们是否可以把相似的主题分在一组，然后从该问题组中形成最好的问题。例如，当一个班级选择要讨论的问题是"美丽意味着什么？"，老师问他们这是一个什么样的问题，得到的回答是"一个开放式问题"和"一个哲学问题"。然后她问："什么是哲学问题？"一个孩子回答说："是没有一个正确的答案，但可能有很多答案的问题，答案可能是对的或错的，也可能部分是对的或部分是错的。"关于这个问题，在得到了一些答案后，她通过重复进一步对问题进行探究："你说的美丽是什么意思？"然后她说："也许我们可以思考一下'美丽'这个词。我想知道谁能说出这个词的意思？"

选择出要讨论的一个问题

从问题列表中选择一个问题的方式有很多种。学生自己可能有选择要讨论的问题的更好方式。选择问题的方式应反映团体探究的原则，即应是合理的、基于充分理由的、民主的，是大多数参与者都同意的。其目的是找到一种得到最大认同和支持的选择一个问题的方式。选择问题的方式大致可以概括为：

- 随机抽取——例如，从帽子中挑选一个问题或问题的号码。
- 教师选择——例如，选择与大多数问题相关的主题。
- 个别学生选择——例如，邀请一个没有发过言的学生来选择问题。
- 按照列表顺序——选择列表上的第一个问题进行讨论，然后按列表顺序向下讨论。
- 通过投票选出——选择投票数最多的一个问题。
- 两轮投票制——通过两轮投票选出两个最受欢迎的问题。
- 多轮投票制——参与者对所选问题投票两次或以上。
- 可转让投票制——未对主要问题投票的成员被邀请重新分配他们的投票。
- 最多投票制——任何人都可以选择他们想讨论的一个或多个问题。
- 渐进式投票——只有在成员给出选择理由的情况下，他们才可以对某个问题进行投票。

选择一个供讨论的问题是实践民主程序的一种练习，旨在尊重多数或公众意愿。建议教师让思考圈中的学生体验不同的方式。选择上述任何一种投票方法都是有原因的。例如，如果需要快速决策，那么"按照列表顺序"可能是最佳选择。重要的是，各成员必须清楚地知道所采用的表决程序是什么以及为什么。任何民主程序存在的问题在于如何维护少数人的利益。解决这个问题的一种方法是为所有学生安排要考虑的问题，例如，将每一个问题交给一对学生讨论，或者给出任何未讨论的问题，供学生在另一个场合思考。

在讨论过程中会出现一些最好的问题，比如下面与孩子们讨论的摘录所显示的，这次讨论的主题是一则故事中的一个角色，这个角色已经从一个人变成了另一个人。小组继续讨论，变成了另一个人意味着什么。什么会改变？如果你和别人交换了大脑，你会是另一个人吗？

> **如果你和别人交换了大脑，你会变成另一个人吗？**
>
> 节选自与6—7岁孩子进行的哲学探究：
>
> 亚历克斯：如果你换了大脑，你就成了别人了。你会做别人会做的事。
>
> 妮古拉：我不同意亚历克斯的看法，因为你是同一个人。你只是会有不同的大脑和不同的想法。
>
> 亚历克斯：是的，但是你会做别人想做的事情。你不能做你想做的，因为那不是你的大脑。
>
> 理查德：你不能改变你的脸、身体或大脑。
>
> 丽贝卡：你的脸会变，你的大脑也会变。
>
> 安德鲁：你的声音会变。
>
> 利萨：你可能会不一样，也可能会一样。所以我不同意亚历克斯的看法。
>
> 卡伦：你会改变，因为你的大脑让你发出声音，你会说不同的事情，你会做不同的事情，你会是一个不同的人。
>
> 萨拉：我同意利萨的看法。别人可能会做你做不到的事情，你也可以做别人做不到的事情。有些事情是不同的，有些事情是相同的。
>
> 凯：你会改变你的年龄。你会有他们的年龄。
>
> 作者：那会让你变成另一个人吗？
>
> 丽贝卡：如果老师问你一些事情，你会有他们的想法。所以你会变得不同。
>
> 保罗：是的，但现在没有人知道你变得不一样了。如果那个人想到了什么，你可能也会有同样的想法。但没有人会知道。
>
> 亚历克斯：我同意凯的看法。如果你7岁，换了一个6岁的大脑，你会认为你是6岁。你会认为你属于6岁的人，所以你会变得不一样。
>
> 埃玛：是你的大脑告诉你你是谁。

你可能会发现，前面几个阶段可能需要一节课的时间，你可以选择在第二节课上继续进行讨论、扩展讨论或对活动进行回顾。李普曼建议，哲学探究应该每周进行两次，这是许多教师喜欢的做法。这种方法的好处之一是它的灵活性。但无论如何计划，活动的核心在于讨论。

引导讨论

> 你需要有人来引导讨论，但不一定总是由老师来引导。
>
> ——迈克尔，11 岁

在引导讨论时，引导者的任务是鼓励小组成员尽可能多地表达不同的想法和意见，并促进小组成员超越这些差异进行对话。这种讨论不仅仅是对话。促进一次成功的团体探究是一项艰巨的工作。如果孩子们发现"老师会容忍漫无目的的讨论，他们会继续漫无目的地闲谈，直到他们感到厌烦"。促进者的作用是通过哲学方向上的积极干预来挑战团队的思考，最终达到向真理前进一些的目标。这真的不是容易的事情。许多教师反馈说，这是他们从事过的最令人精疲力竭和最具挑战性的教学。要推动深度思考就需要坚持，不满足于仅仅表达想法，而是不断地问"为什么？""你说的是什么意思？"或提供具有挑战性的反驳论证。这可能是一项艰巨的工作。当探究进展良好时，孩子们会说："我们真的必须努力思考！"但是，当探究不能很好地开展下去时，孩子们会说，比如"这是浪费时间，我们没有任何收获"。正如苏珊·加德纳（Susan Gardner）所指出的，"每个人都有话要说，并不意味着每个人说的话都值得去听。"[1] 孩子的贡献可能是重复的、无关紧要的、无休止的逸事叙

---

[1] S. 加德纳，《探究不仅仅是谈话（或讨论或对话）》["Inquiry Is No Mere Conversation (or Discussion or Dialogue)"]，《分析性教学》(Analytical Teaching)，1996 年，第 16 卷，第 2 期，第 45 页。

述，或仅仅反映出他想主导这个讨论。孩子所说的大部分内容可能没有"思想"（包括内心对话）这一事实是哲学讨论如此重要的一个原因。促进者必须始终关注思考，确保学生完成思考过程并提供思考背后的理由。

孩子们需要意识到，这是一个他们说话前必须思考的环境，并且要仔细思考别人在说什么。维特根斯坦说："哲学家对问题的处理就像治疗疾病一般。"这种方法是系统、严肃和持续的探究。但是，这种精心的关注，以及对所说内容的精确的关心，并不意味着对话不能像11岁的孩子们之间的交流那样有趣：

艾伦：如果我有两个大脑，我会聪明两倍。

珍妮：不，你不会的，你会一直处于两种想法的拉锯战中！

学生可能对这种探究方式不太熟悉，而且很难在一个群体内将理性对话维持到底。这就需要某些规则来支配讨论。一个好的启动探究的方法可以确保这些规则在一开始就被理解和认同。正如8岁的丽贝卡所说："我认为我们需要规则来帮助我们记住一切。"

在一个探究团体中，教师也是这个团体的一员，引导学生进行一项分享活动。在这个大探究团体中的经验可以给孩子们在其他较小的学习小组中要遵守的规范提供一个示范。

教师可以为探究或学习对话做出的示范包括以下调解要素：

- 聚焦——通过将注意力集中到重要的观点、议题和问题上；
- 挑战性——通过要求提供原因、解释或澄清想法；
- 拓展——展示想法之间的联系，并提出新的想法；
- 劝阻——阻止主导讨论的学生和不以他人观点为基础的学生；

- 奖励——对积极的贡献给予积极的口头或非口头反馈。

其目的是使小组成员能够体验到模棱两可和具有争议性的概念的多面性，并通过共同探究更好地了解正在讨论的主题。实现共同探究的方法之一是鼓励孩子们互相交谈和倾听，而不是由老师来指导他们的所有谈话。帮助孩子专注于倾听的一个有用规则是，在某个人说完他想说的话之前，都不能举手发言。组织讨论的另一个可能规则是，每个参与者必须通过表达同意、不同意或补充发言对其他人的发言做出回应，例如，"我同意/不同意米歇尔的想法，因为……"。孩子们也应该被鼓励在做出回应时看着那个他们回应的人。

在讨论的初期阶段，孩子们可能会表达他们的发言意愿，或者仅仅在他们有机会发言时才做出回应。教师或引导者面临的挑战是，确保发言机会平等并强调对话的质量。可能发生的问题包括孩子们打断彼此的对话或不关注彼此的发言。应对打断的一个策略是给每个孩子一张"打断卡"（一个老师称之为"十万火急卡"），如果他们觉得有重要的事情要说而且也不能等，可以在课上使用一次"打断卡"，然后不得再次打断别人的话。

给孩子们分发纸条让他们写下想说的话，或者让他们记下他们同意或不同意谁的观点是很有帮助的。也可以在讨论过程中布置一个书面任务以让孩子们集中注意力。阻止某个孩子主导探究的一个有效方法是，给班上的每一个成员5个代币。他们每次说话时都必须放下一个代币。当他们使用完5个代币后，就必须保持安静！另一个集中注意力的策略是，让小组的一半成员作为观察者（或参与研究员）坐在圈外，记录讨论中的优缺点，然后让两个组交换位置，使每个成员都有一个讨论、观察或报告的机会。

在讨论结束时，有很多方法可以让学生在探究结束时感到舒适。讨论可能会反复进行，并且成员可能会对活动有一种不完整的感觉。这在一定程度上是不可避免的，因为探究不是以讨论结束为终点的，而是一个不断质疑、反思和试图形成对复杂问题的更好理解的过程的一部分。这是一个持续的过程，这种理解学科（无论是科学、数学、历史还是艺术学科）的关键概念和性质的追求是个持续的过程，可以并将继续锻炼学生学习该领域知识的头脑。然而，某些结束讨论的策略会给学生一种心理上的感觉而不是哲学上的感觉。

结束讨论的一种方法是通过总结讨论。对于非常小的孩子来说，可以由教师来做总结，但目的应该是帮助学生自己总结讨论。通过在讨论过程中随时在黑板上记下要点、论点、问题和难题是有帮助的。录下讨论并在随后播放，也可以帮助学生反思讨论内容和过程。让学生两人一组试着梳理他们记得的讨论内容是一个有趣的挑战。

结束讨论的另一种方法是给学生机会让他们总结"最后的话"或给出"最后的评论"。也就是说，每个学生都有一个最后发言的机会，就讨论内容发表自己没有说过或没有机会发表的看法。他们可以选择跳过，也可以选择用几句简短的话说出他们的想法。这里的规则是，不允许任何人打断或回应。在课程结束之前，每个人只有一次总结发言的机会。教师可以让学生把这些结束语写下来，比如，记下他们认为有趣或以前没有想到的想法，或者写下他们没有机会说的任何问题或评论。

结束讨论的第三种方法是让学生有机会回顾整个过程。这在整个探究过程中是非常重要的，因此，教师有必要将其视为一个单独的关键阶段。在哲学上取得进步的标志之一是自我修正。告诉学生，改变他们的想法是可以的；在最后的回顾阶段，教师可以问谁的想法改变了，或者谁通过倾听或思考讨论得到了关于这个主题的新的想法。

倾听与回应

10岁的加里说："我喜欢哲学课是因为你能被听到。"促进讨论的技能包括倾听和回应。如果我们说的话能得到他人积极的倾听，我们会对自己以及我们说的话的价值做出肯定。真正学会倾听别人的话需要付出努力，这是一种主动的技能，而不仅仅是被动的回应。只有当我们对讨论的贡献得到肯定时，我们才会准备积极回应他人的看法和观点。因此，作为一个倾听者，我们展现出的对发言人看法的了解越多，交流就越有效。正如希腊哲学家爱比克泰德（Epictetus）所说："大自然给了人一条舌头、两只耳朵，是要我们听是说的两倍。"

积极倾听

确保你和你的学生积极倾听的五个关键策略是：

- 通过看和听来表达对发言者的尊重；
- 集中精力，不要分心；
- 在心里重复你听到的词语和观点，以帮助记住它们；
- 通过提问对发言者做出回应；
- 做笔记来总结所说内容的要点。

回应性倾听是一种技能和态度。我们和学生都需要练习以提高这种技能。回应性倾听的特点是以一种传达真正接受和具有同理心的方式给予对方全神贯注和体贴周到的关注。我们都倾向于从自己的角度看待这个世界，被我们当前的感受和期望所影响。这样的危险在于，这其中的任何一个因素都可能妨碍人们真正听到他人所说的话。对孩子做出回应时，重要的一点是，不要把我们自己的想法和孩子所说的内容混为一谈，例如，通过改述孩子的观点。

这就是为什么确认孩子所说的内容，而不是重新转述，或者在黑板上写下孩子的评论或问题并确保写下的内容正确是如此重要的原因。

什么是倾听？

以下是一些你需要考虑的问题：

- 当你倾听时，你是如何传达给对方你在充分关注他所说的话的？
- 哪些因素可能会妨碍你去积极倾听？
- 在与孩子讨论时，你需要积极倾听什么？

以下是需要与孩子一起讨论的问题：

- 倾听是容易的事情还是困难的事情？为什么？请举例说明。
- 倾听与听到是一样的吗？它们有哪些相似和不同之处？
- 你怎么知道别人在听你说话？
- 当你和别人说话时，你怎么知道别人理解了你说的话？
- 倾听的时候是否需要你集中注意力？这需要耐心吗？这是很难的事情吗？
- 你觉得真正值得听的是什么？

对于引导者来说，回应的一种方法是运用我们已经讨论过的苏格拉底式问题。另一种方法是制订一个讨论计划，围绕一个特定的概念进行深入的探究，这要比让学生单独探究更有效（关于"讨论计划"的更多内容请参见下文）。教师或引导者是一个至关重要的示范角色——是对他人观点表现出认真、全神贯注以及强烈兴趣的示范。正如 9 岁的帕特里克所说："一个好老师对你说的话很感兴趣，并试图让你说得更多。"

回顾探究

回顾是整个探究过程中的一个重要部分，因为它旨在培养孩子对探究过程、内容和个人回应的元认知意识。它的目的是帮助孩子们认识到他们从这种经历中学到了什么，他们和其他人在哪些方面取得了成功，以及他们或小组在未来可以在哪些方面做出改进。这个回顾环节可以在讨论期间进行，也可以在讨论之后进行。回顾的形式包括，将它作为小组讨论的一部分，让学生两人一组进行讨论，填写关键问题评估表（见附录5），或者让学生在笔记本或学习日志上进行"思考写作"。

什么是一次好的讨论？

帮助回顾、评估和自我评估的问题包括：

- 我们问了很多问题吗？我们问了哪些好问题？为什么它们是好问题？
- 我们听得好吗？每个人都听别人说的话了吗？谁听得好？
- 我们讲得好吗？我们解释得好吗？谁说得好？
- 我们是轮流发言的吗？我们在发言时给予互相帮助了吗？我们帮别人想想法了吗？
- 我们给出了什么理由？我们考虑过不同的理由吗？它们是好的理由吗？
- 我们有什么想法？我们有没有改变主意？我们有没有改进什么想法？
- 我们从讨论中学到了什么？它有助于我们更好地理解事情吗？我学到的自己以前不知道的事情是什么？
- 这是一次好的讨论吗？为什么？
- 这次讨论是哲学讨论吗？体现在哪些方面？
- 讨论是否取得了进展？我们怎样才能在将来把讨论变得更好？

在分析讨论的进展时，有某些判断进展的成功标准至关重要（参见下面的"评估与评价"）。

拓展探究

教师可能希望通过创造性活动或练习来拓展哲学探究。这样的创造性活动可能包括写一个故事、戏剧或诗歌，进行角色扮演，制作一个模型或设计一些艺术品。它可能包括就探究主题的某些方面组织讨论、绘画或写作。后续工作的目的可能是促进与本专题的课程应用相关的准确性和技能的发展。

练习

哲学活动或练习的目的是围绕一个中心话题或问题拓展思维。它为学生提供了进一步做判断的机会，例如，在研究关系或进行比较时。什么是相似的？什么是不同的？什么是相同的？（如图 2.1 所示）以下是一项探索友谊本质的活动：

什么是朋友？

给孩子们分发卡片，每张卡片上写着朋友的一个定义。这些卡片也包括一些空白卡片，孩子们可以在上面写下自己对朋友的定义。

让孩子与一个同伴一起看看关于朋友的定义，包括他们自己的定义，并按顺序对定义进行排序，从他们最认可的定义开始，到他们最不认可的定义结束。然后，要求他们与另一个孩子或整个小组分享他们的决定。

- 朋友是你认识的人。
- 朋友是做你所说事情的人。
- 朋友是总站在你这边的人。

- 朋友是同意你所说的一切的人。

- 朋友是如果你做错了事总会原谅你的人。

- 朋友是你可以与他分享你所有秘密的人。

- 朋友是你遇到困难时帮助你的人。

- 朋友是你每天见面的人。

- 朋友是和你同属一个种族、信仰同一宗教的人。

- 朋友是……

讨论计划

哲学讨论计划通常由探索一个概念、关系或难题的一组问题组成。这些问题可以建立在彼此想法的基础上，也可以从不同的角度关注讨论的主题。它可能包含一个核心问题，比如"公平是什么？"。

为什么要使用讨论？

以下关于使用讨论的问题可能有助于形成你自己的想法，或者也可以作为与同事或学生讨论的起点：

1. 什么是讨论？
2. 各种各样的谈话都是讨论吗？
3. 讨论需要规则吗？
4. 与他人讨论事情有什么好处？
5. 你喜欢/不喜欢讨论的哪些方面？
6. 你还记得一次好的讨论吗？为什么这次讨论好？
7. 什么事情最适合讨论？
8. 有什么事情是你不想讨论的吗？

9．你喜欢在讨论中说话还是倾听？

10．你想讨论什么？

（罗伯特·费希尔，《教孩子学会学习》，2005，第 50 页）

游戏：拓展思维的活动

如果你想得更好，你就会玩得更好。

——保罗，10 岁

游戏的本质是为了获得快乐而采取的行动。但游戏也有很重要的目的。它们可以帮助我们实践技能，发展概念和策略。游戏作为热身活动特别有用，可以使头脑活跃，或者调动哲学探究的积极性。游戏可以在课程结束时用作收尾活动，以娱乐性的和富有挑战的方式结束一次探究。思维游戏本身也可以成为哲学探究的焦点。如果游戏是"促进思考的游戏"，通过鼓励学生之间以及教师与学生之间的哲学讨论，让它既与课程相关又包含认知内容，则游戏就可以成为一堂课的重心。[1]

思维游戏可以让参与游戏的学生练习计划、提问、推理、从不同角度看待事物、思考新想法等技能，例如，"如果……会怎样？"游戏（见下文）鼓励学生在日常思维的基础上提出一个新的假设以创造一个新的但可能的世界，并考虑该假设可能产生的后果。"如果……会怎样？"游戏不仅仅是一个关于虚构的练习。它让学生通过考虑假想情景的结果来扩展他们的思维。"如

---

[1] 更多关于用于思考的游戏的内容请参见：罗伯特·费希尔，《让孩子聪明的 121 个大脑训练游戏》（*Brain Games for Your Child*, Souvenir Press, 2011）；罗伯特·费希尔，《用于思考的游戏》（1997）。

果……会怎样？"游戏可以用来发展创造性思维的四个方面：

- 观点的流畅性——你能想到多少个"如果……会怎样？"？
- 观点的灵活性——你能想到哪些不同的"如果……会怎样？"？
- 观点的原创性——没人想到过的"如果……会怎样？"有哪些？
- 观点的详尽性——"如果……会怎样？"会导致什么后果？

如果……会怎样？

游戏目的：进行创造性或假设性思考的基础是问题"如果……会怎样？"。游戏的目的是通过创造和思考假设的事态的后果来鼓励创造性思维。

参与人：任何数量，学生可以以成对、分组或全班参与的形式进行游戏。

年龄范围：7岁以上。

需要材料：笔/铅笔和纸。

问题示例：

"如果……会怎样？"为讨论和写作提供了可能的起点，例如：

- 如果植物开始走路了会怎样？
- 如果你变成青蛙了会怎样？
- 如果没人需要睡觉会怎样？
- 如果人们发现了永恒生命的秘密会怎样？
- 如果海洋都干涸了会怎样？
- 如果你真的可以实现三个愿望会怎样？
- 如果又有一个冰河时代会怎样？
- 如果你赢得了1000英镑的奖金会怎样？
- 如果你有权经营自己的电视台会怎样？
- 如果你发现你最好的朋友是小偷会怎样？

教师可以将这些或类似"如果……会怎样?"的问题在游戏前写在卡片上,也可以在游戏过程中写在黑板上。

玩法示例:

这里有一些进行"如果……会怎样?"游戏的方法。

1. 如果——只有一分钟

你能就一个给定的"如果……会怎样?"问题说一分钟(或半分钟)吗?

参与游戏的人可以单独、成对或分组进行比赛。教师可以把一些"如果……会怎样?"问题写在卡片上或者在游戏开始前写在黑板上。

玩法如下:

(1)每个参与游戏的个人、两人或小组都会被给予或自己选择一个"如果……会怎样?"问题来回答。

(2)给参与游戏的个人、两人或小组几分钟时间来准备他们的答案,例如,通过头脑风暴或记下想法。

(3)要求参与游戏的个人或者两人、小组的代表发言一分钟,来回答他们的"如果……会怎样?"问题。

(4)如果参与游戏的人能在一分钟(或半分钟,如果目标时间是半分钟)内毫不犹豫地说出答案并且没有重复或偏离主题,那么他们就赢得游戏。

(5)其他参与者参与讨论,对给出的答案进行提问、评论或做出回应。讨论结束后,轮到下一个参与人在规定的时间内回答他们选择的问题。

2. 如果——问题

你能自己提出一个"如果……会怎样?"的问题吗?你可以提出多少个"如果……会怎样?"的问题?哪一个是最有趣的"如果……会怎样?"问题?

玩法如下:

(1)要求每名参与游戏的个人、两人或小组在给定时间内尽可能多地提出"如果……会怎样?"的问题。

（2）参与游戏的个人、两人或小组在商定的时间内进行头脑风暴并记下他们的想法。

（3）参与游戏的个人或者两人、小组的代表分享他们的"如果……会怎样？"问题。获胜的将是列出最多问题的个人或小组，或者达到给定目标如列出10个"如果……会怎样？"问题的个人或小组。

供思考的问题：

- 你认为（列表上）哪一个问题是最有趣的？
- 哪一个是最有趣或最具创造性的问题？
- 哪一个或哪一些是你以前从未想过的问题？
- 你能想到一个永远不会发生的"如果……会怎样？"问题吗？为什么它永远不会发生？
- 你能想到一个可能会发生的"如果……会怎样？"问题吗？为什么它可能会发生或它会怎么发生？
- 什么时候思考"如果……会怎样？"问题对你来说是有用的？
- 什么能帮助你产生新的想法？
- 有很多想法好还是有一个想法好？为什么？
- 思考可能发生的事情的后果有用吗？为什么？
- 什么是想象？什么能帮助你拥有好的想象力？

在思维游戏中，至关重要的是，游戏结束后思维却不会结束。教师可以通过提问和讨论让参与游戏的学生仔细地、广泛地和有目的地思考游戏，并反思他们在游戏中的思考（选择和后果是什么？），超越局限于游戏的思考（我从游戏中学到了什么？）。思维游戏应鼓励智力探索，并提供机会让参与游戏的学生锻炼智力的不同方面，这可能包括语言、逻辑与数学、视觉、身体、音乐、人际或社交智能。

开展思维游戏有什么好处呢？有证据表明，当孩子们在一个学年内经常进行思维游戏时，他们的创造性思维技能和参与小组问题解决的能力都会得到提高。一些教师反馈说，学生的口头推理能力和数学能力都有所提高，但很难证明参与这些游戏会自动提高思考和推理能力。孩子们可能需要在数年内长期进行思维游戏，他们的思维和学习才能得到真正和持久的受益。

但进行这些游戏的主要原因并不是为了提高学生的思维水平，也不是为了提高他们的社交能力，而是因为游戏提供了快乐和挑战——爱尔兰诗人叶芝（Yeats）称之为"困难的快乐"——以及在游戏中实践人类能力的乐趣。这种快乐不仅可以用于丰富儿童哲学活动，也可以用于任何其他课程领域。

在探究结束时，小组可能已经有了一个刺激物，提了问题，探究了某个主题（或多个主题），审查了他们的想法，在讨论中进行了深入的思考，并且通过活动或练习回顾了或可能拓展了探究。现在的任务是评估探究的过程，并使用这个评估来指导未来的计划。

评估与评价

我知道哲学对我们有好处，但我说不出是为什么。

——史蒂文，10 岁

有助于评估过程的问题包括：

- 发生了什么？
- 我学到了什么？
- 孩子们学到了什么？
- 接下来呢？

在考虑哲学课程中发生的事情时，我们需要考虑的一个问题是：它是哲学的吗？探究中发生的事情如何反映了哲学探究的目的？我们需要判断成功与否的标准，知道我们在寻找什么证据，以便回答以下问题：什么使得一次讨论具有哲学意义？我们如何评估儿童在哲学课上取得的进步？

什么使得一次讨论具有哲学意义？

以下是在评估一次讨论或活动是否有哲学内容时需要寻找的一些要素。

- 主题——讨论内容包括：
  - 探索哲学概念（中心概念、普遍概念和争议性概念）。
- 目标——学习意图包括：
  - 让学生学会做哲学（提出/研究/解决问题）。
- 过程——教学策略包括：
  - 团体探究方法（呈现哲学探究的刺激物）；
  - 学生提出问题（制定自己的讨论议程）；
  - 给予思考时间（让思考作为内在对话——维果茨基）；
  - 倾听并把自己的想法建立在他人想法的基础上（仔细听、对他人的发言做出回应）；
  - 跟随探究的方向（更接近真理或获得进一步理解）；
  - 根据理由做出判断（给出信念的理由）；
  - 思考自己的思考（回顾和自我纠正）；
  - 培养积极的态度（自尊、体贴他人）。
- 学习成果——能够：
  - 独立思考（不依赖外部权威）；
  - 提出问题（推测、假设和论证）；
  - 在他人想法的基础上形成和发展自己的想法（让自己的思维富有创造性）；

- 清晰沟通（表达自己的思想）；
- 给出自己信念的合理理由（证明信念的合理性，具有批判性思维）。

以下是与13—14岁孩子在课上进行哲学讨论的一个例子。讨论的刺激物是来自中国古代哲学家庄子（公元前3世纪）的以下几句话：

> 昔者庄周梦为胡蝶，栩栩然胡蝶也。自喻适志与！不知周也。俄然觉，则蘧蘧然周也。不知周之梦为胡蝶与，胡蝶之梦为周与？[1]

小组选择讨论的问题是："这个人是在做梦吗？"

我们怎么知道自己不是在做梦？

课堂讨论摘录如下：

作者：我们怎么知道自己不是在做梦？

戴维：梦只在你的脑海里，根本不像真实的东西。

克里斯：我不同意。你可以梦见你在游泳，就像真的一样。

娜奥米：我认为想象中的事物，比如梦，就像真实的事物。你不能总是分辨出它们之间的不同。

作者：你想象你在游泳，感觉是真实的，那么它和真实的事情有什么不同呢？

汤姆：如果你是在想象，你可能是在想象你看到的、做过的、听到的、闻到的以及其他的真实事物。

---

[1] 罗伯特·费希尔，《用于思考的诗歌》(1997)，第80页。

作者：你实际上是做梦梦到你在游泳，感觉到身上的凉水和水花，与你真的在游泳的区别是什么？

汤姆：嗯，当你做梦的时候，你睡着了而不会死。在水里你是会死的。如果你真的在水里，就有溺水的危险，你不得不小心。在梦里你是安全的……

作者：如果你梦见自己在水里，那和真正在水里有什么区别，因为感觉是一样的。

尼克：嗯，我想说的是，当你真的在水里的时候，你能真正感受到它，但我会说，在梦里，那不是完全真实的，有一些奇怪的地方，它更像是想象的东西，它不像真实的生活。

作者：所以感觉上是有区别的，对吗？

汤姆：就像写作。在梦中，你只是在写，但你不知道自己在写什么，但在现实生活中，你必须思考，你知道自己在写什么。

杰克：我不同意。我认为这取决于梦的真实性。有些梦似乎比其他的梦更真实。

作者：那么，梦和现实生活在质量上有区别吗？

萨拉：在梦里，你事实上不知道到底发生了什么或为什么。在梦里，我不知道怎么形容，你会有一种奇怪的感觉。就好像你在那里但又不在那里。

汤姆：就好像有辆卡车要把你撞倒，你却动不了。梦是一种虚空。

埃玛：有时候在梦里比在现实生活中感觉更真实。

汤姆：你真的说不出有什么区别。在梦中，你突然出现在那里，就像在奥运会上游了500米一样。

尼克：我觉得大多数的梦都是奇怪的，比如，在你出现的地方，一个修女在笑，她长着绿色的牙齿，头上突然长出了角……

本：你会记得那些有趣而疯狂的梦，但忘了那些无聊的梦。

汤姆：我同意，你会记得那些不寻常的梦……很奇怪，像普通生活一样的梦，你却不太记得。

> 杰克：你永远无法证明这一点，但你可以肯定这是一个梦。在梦中你会醒来，在现实生活中你是一直醒着的。

这个讨论是富有哲学意义的，因为它是关于知识、信仰（认识论）以及心灵的本质的，但它也是对一则文学上的引用的回应，这也使得它可以成为文学课的一部分。哲学讨论不仅有利于英语文学教学，而且也有利于课程的其他科目（详见第七章）。

儿童哲学有用吗？

> 学而不思则罔，思而不学则殆。
>
> ——孔子，《论语》

我们如何评价哲学讨论的进展？在评估儿童哲学是否有效时，我们不仅需要评估课堂上哲学讨论的质量，还需要评估其对学校或团体产生的影响。

收集哲学讨论取得进展证据的主要方法有两种，一种是教师或研究人员分析讨论的证据，另一种是通过参与者的自我评估。

评价哲学讨论的一个关键要素是通过对话反馈。这可能涉及学生和教师之间或学生之间就团体探究进行的对话。给学生提供机会进行某些形式的对话评估有助于帮助个人评估其对探究的贡献，并在未来修正和改进其贡献。如果教师或促进者的对话反馈不仅能说明是对还是错，而且能帮助学生理解他们在探究过程中的行为是如何得到提高的，那么这种评估是最有益的。

这一评估可以通过在探究结束时的提问和对话以"共同思考"的方式得

出同伴评估和自我评估结果。其目的是让学生能够对自己的学习负起更大的责任，变得独立，能够更好地参与自主讨论。

应给学生提供机会进行全体回顾，评估讨论的质量。像任何好的对话一样，好的全体回顾将包括：

- 高比例的开放式或苏格拉底式问题；
- 在教师的鼓励下，学生给出的回答变长；
- 提到正在讨论的"大"思想或概念；
- 与其他学习和生活经验建立联系。

这样做的一种方法是，在讨论结束时留出"最后的总结"时间，这可以是每个参与者写下一些简短的最后的想法，与同伴进行简短的反思性对话，或与整个小组分享自己的观点。（一些评估和分析讨论的方法见附录3和附录4。）

李普曼的儿童哲学最初被设计成一个课程创新计划，以提高学生的推理能力，从而提高他们在学习方面的认知表现。在许多国家，儿童哲学对教育工作者的吸引力不仅在于，它可以作为一种干预手段，通过发展思维水平和推理能力来提高教育水平，而且它还是一种在学校和社会中培养道德、社会尤其是民主价值观的方法。因此，课堂上的哲学可以在多个维度上进行评估，这些维度与教育的许多基本的智力、道德和社会目标有关。

富兰（Fullan）[1]认为，任何课程创新都受到五个因素或阶段的支配：

---

[1] M. 富兰（M. Fullan），《教育变革的新含义》（*The New Meaning of Educational Change*, London: Cassell, 1991）。

- 项目的启动；
- 项目的实施；
- 项目的使用；
- 项目的影响和成果；
- 机构对项目的回应。

这种模式也适用于将儿童哲学引入到不同的制度和社会背景下。在第七章，我们将在学校有效课程改革管理的大背景下，将儿童哲学作为终身学习的一部分来探讨它，但目前，我们将重点研究儿童哲学在美国、英国以及其他国家产生的影响与结果。

来自世界各国广泛的小规模研究的证据表明，儿童哲学可以对儿童学习成绩的各个方面产生影响。[1] 我自己的研究和与来自世界各地教师和培训师的非正式讨论，印证了已发表的研究结果，即儿童哲学方法：

- 当教师获得良好的激励、支持和培训时，效果最好（Jackson, 1993）[2]。
- 对思维能力产生显著的益处（Palsson, 1994, 1996）[3]。
- 对"对话、辩证、论证"推理的质量有积极影响（Santi, 1993; Holder, 1994）。

---

[1] M. 李普曼，A. M. 夏普，R. 奥斯坎尼,《教室里的哲学》(1980)。
[2] T. 杰克逊（T. Jackson），《夏威夷儿童哲学评价报告》("Evaluation Report of Philosophy for Children in Hawaii")，《思维》(Thinking)，1993年，第12卷，第1期，第33—40页。
[3] H. 帕尔森（H. Palsson），《解释性研究和儿童哲学》("Interpretative Research and Philosophy for Children")，《思维》，1994年，第12卷，第1期，第33—40页; H. 帕尔森,《相比以前，我们对他人及其意见的思考更多：来自冰岛的评价报告》("We Think More Than Before about Others and Their Opinions: An Evaluation Report from Iceland")，《思维》，1996年，第12卷，第4期。

- 对教授民主团体价值观有效（Raitz，1992）[1]。
- 对提高学生的自尊心有积极作用（Kite，1991；Sasseville，1994）[2]。
- 培养儿童的创造性思维能力（Kite，1991）。
- 帮助学生获得更高的英语和数学成绩（Williams，1993；Lim，1994）[3]。
- 提高书面论证水平（Morehouse&Williams，1998）[4]。
- 显著提高科学推理能力（Sprod，1999）[5]。
- 培养倾听、讨论和辩论技能（Davies，1994）[6]。
- 儿童的智商可以提高6.5个点（Trickey&Toping，2006），随着时间的推移，取得的认知能力获得可持续发展（Topping&Trickey，

---

[1] K. L. 雷兹（K. L. Raitz），《危地马拉的儿童哲学》（"Philosophy for Children in Guatemala"），《思维》，1992年，第10卷，第2期，第6—12页。

[2] A. 凯特（A. Kite），《在课堂上教授思考：案例研究》（"Teaching Thinking in the Classroom: A Case Study"，1991），教育硕士论文（未发表），爱丁堡大学；M. 萨斯维尔（M. Sasseville），《自尊、逻辑技能与儿童哲学》（"Self-Esteem, Logical Skills and Philosophy for Children"），《思维》，1994年，第11卷，第2期，第30—33页。

[3] S. 威廉斯（S. Williams），《评价一所中学哲学探究的效果》（"Evaluating the Effects of Philosophical Enquiry in a Secondary School"，1993），德比郡乡村社区学校儿童哲学项目；T. K. 利姆（T. K. Lim），《新加坡儿童哲学项目的形成性评价》（"Formative Evaluation of the Philosophy for Children Project in Singapore"），《批判性与创造性思维》，1994年，第2卷，第2期，第58—66页；T. K. 利姆，《新加坡儿童哲学项目》（"The Philosophy for Children Project in Singapore"），《思维》，1994年，第11卷，第2期，第33—37页。

[4] R. 莫尔豪斯（R. Morehouse），M. 威廉斯（M.Williams），《关于学生使用辩论技能的报告》（"Report on Student Use of Argument Skills"），《批判性与创造性思维》，1998年，第6卷，第1期，第14—20页。

[5] T. 斯普罗德，《我可以改变你对此的看法：社会建构主义全班讨论及其对科学推理的影响》（"I Can Change Your Opinion on That: Social Constructivist Whole-Class Discussions and Their Effect on Scientific Reasoning"），《科学教育研究》（Research in Science Education），1999年，第28卷，第4期，第463—480页。

[6] 关于儿童哲学课程在"思维和推理、听力技能、语言表达、讨论和辩论技能、自信和自尊"方面取得的进展请参见：S. 戴维斯（S. Davies），《提高小学阅读标准项目报告》（"Improving Reading Standards in Primary Schools Project Report"，Dyfed LEA，1994）。

2007）[1]。

- 对个人发展和福祉有积极影响（Ofsted，2007）。

对苏格兰克拉克曼南郡（Clackmannanshire）正在进行的儿童哲学项目的评估证实学生喜欢哲学讨论，并发现团体探究的方法具有激励作用。他们发现，在进行了16个月每周一次的哲学探究后，儿童的认知能力平均提高了6个点。经过6个月每周一次的哲学探究后，小学生在课堂讨论中的参与程度提高了50%。在6个月的时间里，教师们使用开放式问题的频率增加了一倍。当学生离开小学后，他们没有了任何进一步参与哲学探究的机会，但他们提高后的认知能力在升入中学两年后仍然得以维持。参与6个月的哲学探究后，学生和教师在交流、自信心、专注力、参与度和社会行为方面都获得了显著的进步（Trickey&Topping，2004，2006）[2]。

当把哲学对话运用到所有课程时，它的这些好处得以最大化。一位老师说："哲学是很好的，它基于我想和孩子们做的事情，但是我应该把它放在课

---

[1] 关于克拉克曼南郡儿童哲学项目的结果请参见：S. 特里克基（S.Trickey），K. J. 托平（K. J. Topping），《"儿童哲学"：系统回顾》（"'Philosophy for children'：A Systematic Review"），《教育研究论文》（*Research Papers in Education*），2004年，第19卷，第3期，第365—380页；S. 特里克基，K. J. 托平，《学龄儿童的合作哲学探究：11—12岁孩子的社会情感影响》（"Collaborative Philosophical Enquiry for School Children: Socio-Emotional Effects at 11 to 12 Years"），《国际学校心理学》（*School Psychology International*），2006年，第27卷，第5期，第599—614页。

[2] 参见：S. 特里克基，K. J. 托平，《学龄儿童的合作哲学探究：学生认知能力的提高在两年中的持续》（"Collaborative Philosophical Inquiry for School-Children: Cognitive Gains at 2-Year Follow-Up"），《英国教育心理学杂志》（*British Journal of Educational Psychology*），2007年，第77期，第787—796页。教给孩子们进行合作哲学探究的艺术给他们的认知发展带来了长期的好处。在这项研究中，105名儿童（年龄为10岁）每周上一小时的哲学探究课程，为期16个月。与72名对照组儿童相比，哲学探究组儿童在16个月课程结束时，其语言、数字和空间能力测试表现相对于研究前的表现有了显著的提高。心理学家 S. 特里克基和 K. J. 托平在前期研究后的两年又对孩子们的认知能力进行了测试，那时孩子们已经到中学二年级学期末了。这些孩子没有学习过任何进一步的哲学课程，但与对照组没有上过哲学课的孩子相比，他们保持了提高后的认知水平。

程中的什么位置呢？"在课程中为教学思考找到一个位置是许多教师面临的问题。一种方法是，尝试将"思考"课程添加到已经很拥挤的课程时间表中。如果我们认真对待孩子们提出问题、一起思考和讨论问题的需要，并认为这些会给他们带来最高的智力挑战，那么开设思考或哲学课至少与其他课一样合理。如果在正式课程中挤不出时间，一些教师会选择在午餐时间或放学后安排哲学课程作为课外俱乐部活动。更常见的方法是在既定的时间表内使用哲学探究，例如，作为英语文学或个人与社会教育课程的一部分。正如10岁的杰玛所说："无论你在学什么，哲学在所有课程中都能帮助到你。"

在下一章，我们将探讨使用哲学讨论的方法，以使这种讨论可以与整个课程中学习和生活的各个方面联系起来。

学校里的哲学

以下是一些有助于反思和讨论学校里的哲学的问题：

- 哲学探究对学校里的学习有什么帮助？
- 成为一名"具有哲学意识"的教师意味着什么？
- 什么使一次讨论具有哲学意义？
- 什么是恢复性纪律，它与团体探究有何关系？
- 你如何评价一次哲学讨论是否取得了成功？

第七章　为生活而思考

哲学的一个问题是在时间表上找到一个地方。哲学不仅适用于学校，也适用于生活。

——小学教师

哲学问题可以从任何事情中产生。

——劳拉，10岁

我们的生活需要哲学，因为我们意识到人类掌握的知识并不完整。发展哲学思维需要通过我们不断努力去寻找生活的意义和生活问题的解决方案，以及发展人类思维反思自身想法的独特能力。由于经验的模糊性、我们观念的不可靠性以及其他人报告的易错性，我们的知识仍然是不完整的。在试图用语言表达世界时，我们面临着不可避免的歧义、不确定性和含义的模糊。这不仅是因为词语的含义并不总是固定的和精确的，也是因为我们并非都以同样的方式看待世界。以下是课堂讨论的一个例子，描述了儿童努力解释世界与心理经验之间的关系：

> 作者：什么是地平线？
>
> 儿童：地平线是你用眼睛看到的最远的地方。
>
> 作者：所以你看不到地平线以外的地方？
>
> 儿童：你可以看到地平线以外的东西，但是你必须运用你的想象力。
>
> 作者：那么你的想象就像一只眼睛吗？
>
> 儿童：是的，你的心灵有一双眼睛。
>
> 作者：像个照相机？
>
> 儿童：是的。……不，不像照相机，因为照相机看不到不存在的东西，但你的心灵可以。

哲学不只是为了获取知识，而是要获得理解。它首先要认识到一个问题或一系列问题，这些问题是由我们在世界的经历以及人们在世界上所做或所持有的各种主张或信念所引起的。这些问题包括：

- 有关什么是真实的、什么是不真实的问题；
- 有关什么是正确的、什么是不正确的问题；
- 关于世界本质和我们是谁的问题；
- 知道该怎么做的问题；
- 对个人和社会来讲，什么是正确的事情的问题。

哲学源于心灵参与反思和思考的能力，并在思想和概念（组织观点）的交流中得到证明。它产生于心灵将自己从对感官经验的依赖中解放出来的能力，以及用概念作为思考工具来创造新知识的能力。当思维超越信息处理，超越"既定的信息"时，哲学智慧就会发挥作用。它不会问"那是什么？"，而是问"为什么？"以及"你为什么这么想？"。

阿尔伯特·爱因斯坦在他普林斯顿的办公室里挂着一个牌子，上面写着"重要的是不要停止提问"。在这场避免困惑和错误信念的战斗过程中，关键的是，通过提问进行审问和探究："你说……是什么意思？""这是真的吗？"和"我们怎么知道？"。哲学也是通过质疑我们用来解释世界的词语、概念或想法来寻求对世界的更多理解的。这是一种生活技能，正如 10 岁的佐伊说的："总会有问题，无论你多大年纪，都会有问题。"

课程中的哲学

本章将介绍如何将哲学探究融入课程中的任一学科领域。对于许多教师来说，哲学最自然的角色是作为英语语言和文学教学的一个方面，但由于语言是整个课程学习的媒介，对语言哲学式使用的探究可以在学校内外的每个学科领域进行。图 7.1 显示了如何在任一课程领域进行相关的哲学探究。

本章探讨了哲学探究可以丰富教与学并在以下学科领域培养智力行为习惯的一些方法：

- 英语语言与文学
- 数学
- 科学
- 设计与技术
- 历史
- 地理
- 艺术

- 音乐
- 体育与运动
- 宗教教育与精神
- 公民教育

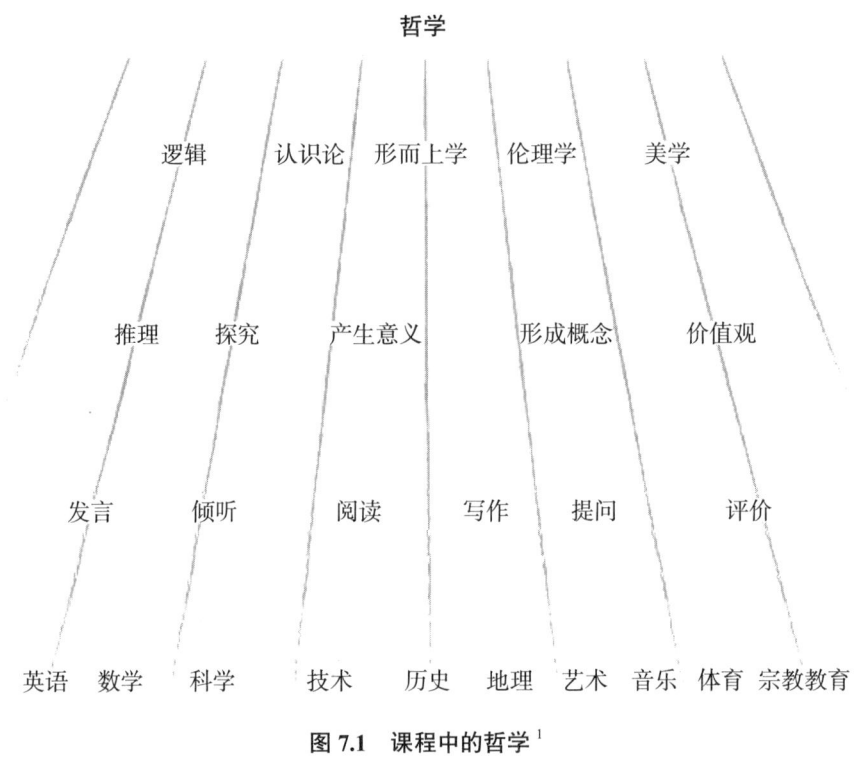

图 7.1 　课程中的哲学 [1]

培养智力行为习惯

每节课都可以成为思考课，以提高学生的交际技能，培养他们的思维技能和智力行为的其他习惯。在任何课程中可以教授的技能和习惯包括 5 个

---

[1] 改编自：L. 斯普利特，A.M. 夏普，《促进更好思考的教学：团体探究》(1995)，第 117 页。

"C",即好奇（curious）、协作（collaborative）、批判（critical）、创造（creative）和关怀（caring）。这些研究技能是儿童哲学的核心，可以通过挑战学生应用于任何课程：

- 好奇：通过邀请学生提出相关有趣的问题，展示难题并定义难题，研究观点。教师需要示范如何保持好奇以及如何使用开放式问题。这种质疑能力是学习的核心。儿童哲学的独特价值在于，它是唯一一种经过充分研究的思维方法，专门致力于培养学生的提问能力，以及他们研究和审视世界的能力。
- 协作：发展对话技能本身就是目的，这为所有其他认知和情感技能提供了基础。孩子们通过讨论解决问题的关键在于，与成年人一样，学会倾听对方的想法，回应他人的想法，并愿意在共同的对话空间中根据他人的想法改变自己的想法。人类的技能和智慧是通过与他人合作的能力来扩展的。
- 批判：学生需要定位和收集相关信息，进行分类、归类、排序、区别和对比，并分析部分与整体的关系；使用推理得出结论并进行演绎；使用精确的语言解释意见和行动；以及根据理由或证据做出判断和决定。他们需要接受挑战，给出理由和证据，确定判断标准，解释要使用的策略，并参与不同观点的口头和书面论证。
- 创造：创造性思维意味着运用想象力产生想法、提出假设、寻找其他可能的方案。教师应鼓励学生进行有趣的推测、产生假设、在彼此观点的基础上建立联系并产生自己的观点。创造力的关键是流畅（有很多想法）、灵活（使用不同的想法）、独创（提出新想法）、详尽阐述（基于他人的想法）和判断（评估有创造性的观点和结果)。

- 关怀:关怀性思维意味着要关注自己和他人。对话学习通过合作活动培养社交和情感技能。情商包括关心自己(自我意识、自我调节和适应力)和关心他人(同理心和社交技能)。它是在个人和群体中通过信任、与人合作和尊重他人的能力发展起来的。关心和尊重他人的权利是公民教育的基础。

英语语言与文学

语言的限制就是对我的世界的限制。

——路德维希·维特根斯坦

字典会告诉你单词的含义,但哲学可以帮助你理解它们的含义。

——贾斯伯,10岁

每节课都是一节语言课,因为正如英国作家塞缪尔·约翰逊(Samuel Johnson)所说,语言是思想的外衣。谈话和写作是思维的形式。同时,它们也是可以发展和扩展思维的活动。哲学与英语教学之间的共同联系在于,两者都涉及对意义的探索。哲学家和熟练的作家(或演讲者)都关心语言文字的精确使用,以传达意义和理解。这两者都涉及类似的问题,即词语之间的联系以及词语与世界的联系。参与哲学探究的儿童可以很好地参与语言活动,参与哲学探究将帮助他们成为更好的语言使用者。维果茨基倡导言语对于思考的重要作用,他认为:"没有词语,真正的概念是不可能存在的,用概念思维并不存在于语言思维之外。这就是为什么形成概念的关键以及它产生的原因是把词语作为特殊的功能工具而使用。"[1]

我们已经在第四章看到了使用叙事材料通过听、说和读来探索概念的方法。

例如，一位教师利用一个包含真理主题的故事［如伊索寓言《墨丘利和伐木工》(Mercury and the Woodman)］，以一些准备的开放式的提示性问题，鼓励孩子们讨论真理的本质。

关于讲真话的思考

关键问题：什么是真？

1. 你认为这是一个真实的故事吗？为什么？
2. 当我们说某事是真的时，我们的意思是什么？
3. 我们称之为不真实的事情是什么？"假"是什么意思？
4. 什么是谎言？
5. 我们称之为不真实的故事是什么？什么是小说／寓言／童话故事？
6. 故事中的哪个角色是诚实的？"诚实"是什么意思？
7. 故事中的哪个角色是个骗子？"骗子"是什么意思？
8. 讲真话好还是说谎更好？为什么？
9. 你有没有说过谎？你能说出在什么时候或者为什么说谎吗？
10. 说谎是对的吗？讲真话有错的？

［关于《墨丘利和伐木工》的故事，以及关于如何利用该故事创建一个探究团体的进一步问题和建议，请参见：罗伯特·费希尔，《给幼儿园和小学教师的用于思考的故事》（1999），第45页，以及"促进思考的故事"系列中的其他书籍。］

---

[1] 维果茨基，《社会中的心智》（1978）。

> 以下是由教师使用上述问题开展的课堂讨论的摘录：
>
> 孩子1：有时候你会说一些你认为是真的话。如果你认为这是真的，那它就不是谎言。
>
> 孩子2：我不同意这一点，因为你可以认为某件事是真的，如果不是真的，你可以说这是真的。
>
> 教师：你能举个例子吗？
>
> 孩子2：好吧，如果你说下雨是因为你以为下雨了，而且说屋顶上只有鸟。你可以说一些你认为是真的，尽管事实上不是真的事情。
>
> 孩子3：只有当你或别人用自己的眼睛和耳朵看到或听到某些事情时，你才能说那是不是真的。这就是为什么有很多人认为像鬼魂或女巫之类的东西是真的，所以如果你在说那是真的之前先检验一下，你就会发现自己错了。
>
> 孩子4：不是因为你说是真的那就是真的，但那可能是真的。

刺激物可以来自包括诗歌和戏剧在内的各种类型的作品。使用诗歌作为哲学探究的刺激物可以帮助孩子培养对诗歌的热爱，同时使孩子成为有思想的阅读者，能够提出问题，批判性地讨论和评价他们阅读的文本。以下是使用诗歌作为一次或多次团体探究课程刺激物所建议的活动顺序[1]。

使用诗歌进行哲学探究

1. 大声朗读这首诗。这首诗可由教师或学生再读一遍。
2. 学生自己朗读这首诗，并有"思考时间"来反思这首诗。
3. 读完这首诗后，询问学生在这首诗中发现的有趣或好奇之处，并选择他们想讨论

---

[1] 改编自：罗伯特·费希尔，《用于思考的诗歌》(1997)，第13页。

的一个观点。

4．邀请学生提问。把他们的问题或评论写在黑板上，在他们的问题旁边写上提问者的名字。

5．讨论问题——哪些是"文学的"，哪些是"哲学的"？通过投票的形式从黑板上选择一个问题作为讨论的基础。

6．通过邀请问题被选中的人来说说他为什么问这个问题，并邀请其他人来回答，开始讨论。

7．通过在讨论过程中提出进一步的问题，以及通过写作、绘画或戏剧表演等其他活动扩展学生的思维。

鼓励学生自己找可用于思考的诗歌并在未来的探究中使用。

戏剧表演或角色扮演不仅为孩子们提供了阅读文本的机会，而且也为他们提供了作为参与者进入叙事的机会。在戏剧表演中，整个人投入更多，因此会获得更大的回应。戏剧让人全身投入思考，包括身体和声音。通过即兴创作和角色扮演，孩子们可以探索自己和他人的想法。他们可以深入了解他们的想法和感受，并考虑这些想法和感受的后果。对故事的一种回应方式是，通过戏剧或哑剧重建故事。戏剧有可能让孩子们接触到生活中的基本价值观。

奈杰尔·托伊（Nigel Toye）举了一个用戏剧引发哲学讨论的例子。班级扮演山区里的一个群体，一个逃亡的女孩带着她的孩子［故事来源于布莱希特（Brecht）的《高加索灰阑记》（*Caucasian Chalk Circle*）］。一些村民怀疑她，当她睡着的时候，有人建议去搜她的包。当这个人伸手去拿女孩包的时候，一个女孩说："不，她是我们的客人。我们怎能带她进来还搜她的东西呢？这些东西是她私人的。"然后，这群9岁的孩子花了20分钟时间讨论了搜查行为的道德问题……随后，作为儿童哲学探究的一部分，他们又探讨了隐私、客人、主人等概念。[1]

所有科目都有需要学生学习和使用的概念和专业词汇。如果孩子在不理解词语意思的情况下使用它们作为标签，那么这些词语就变成了讨论中的空头支票。孩子们在不理解课程中使用的一些关键概念的情况下也可以度过他们的学校生活。比如，在一节关于体积的数学课上，7—8岁的孩子花了很多时间实验不同的容器、水量并用任务表来记录他们的结果。课后，我问一个孩子"volume"[2]是什么。他回答说："这是你用来调高或调低声音的开关。"

帮助儿童理解技术术语和抽象术语以及他们用于思考和学习的工具并不容易，但哲学讨论对意义和定义的关注为在所有学习领域准确使用语言提供了机会。

数学

> 数字是你唯一可以信任的东西。
>
> ——汤姆，14岁

> 你数学怎么样？我可以像本地人讲话一样"说数学"。
>
> ——斯派克·米利根（Spike Milligan）

自从哲学家开始怀疑世界的终极结构是数学的，柏拉图学园的门上便铭

---

[1] N. 托伊（N. Toye），《论儿童哲学与教育戏剧的关系》（"On the Relationship Between Philosophy for Children and Educational Drama"），《思维》，1996年，第12卷，第1期，第24—26页。

[2] "volume"有容积的意思，也有音量的意思。——译者注

刻了一句话："不懂数学者不得入内"。哲学探究通过帮助学生更好地理解数学中的一些基本概念，并反驳他们对数学性质的错误构想，而有利于学生的数学学习。[1] 团体探究中的讨论可以帮助儿童更深入地思考数学的性质和过程以及学习的过程。它提供了一个"讲数学"的机会，这是一个让许多孩子觉得困难的活动。

我们可能会问的第一个令人费解的问题是："什么是数学？"在考虑数学的性质时，我们可以在两种不同的隐喻之间进行选择。第一个隐喻来自柏拉图，他认为数学是关于发现的。根据这种观点，一位数学家就像一位研究恒星的天文学家一样，探索的是存在于现实领域中的等待被发现的数学实体。建构主义者有另外一个不同的隐喻，他们认为，数学是关于发明的，数学探究是一种创造性的追求，它涉及通过思维的创造性力量进行抽象的建构。数学家更像天文学家或艺术家，还是其他完全不同的人？

传统的数学教学可以看作一种柏拉图式的活动，它与已有的知识、程序和算法的教学有关。通过一套渐进式的练习，孩子们学会了如何正确地做数学。他们的答案或对或错，这里最重要的是精确性；或者像一个孩子说的那样："数学就是把事情做对或做错，但直到老师告诉你，你才会知道你是做对了还是做错了。"现代数学教学往往采取建构主义的方法，即——正如儿童哲学的倡导者所主张的那样——当孩子们有机会构建自己对问题的理解，并在同伴的帮助下形成自己的假设和解决方案时，他们的学习效果最好。根据这一观点，哲学和数学教育的目的不是给学生强加一套信念或真理，而是让他

---

[1] 这种对数学性质的哲学探究的讨论在很大程度上归功于魁北克的玛丽-弗朗斯·丹尼尔（Marie-France Daniel）和她的同事们的工作。参见：L. 拉弗图恩（L. LaFortune），玛丽-弗朗斯·丹尼尔, R. 帕拉斯科（R. Pallasco），P. 赛克斯（P. Sykes），《高等数学教育中的团体探究》（"Community of Enquiry in Mathematics for Higher Education"），《分析性教学》，1996 年，第 16 卷，第 2 期，第 19—28 页。

们通过研究和反思的过程来促进理解。这种反思性活动最好通过讨论来促进，或者就像一个孩子说的："当有人和我一起讨论的时候，我学数学学得最好。"

数学教学可以归结为一系列的两难问题，表7.1反映了柏拉图和建构主义的方法。每种方法都强调数学中的互补需求。

表7.1　柏拉图式数学教学方法与建构主义式数学教学方法

柏拉图式	建构主义式
准确 操练与练习 技能发展	探索 研究 概念理解
典型任务特征：数学习题练习	典型任务特征：问题解决

数学实体是像柏拉图所认为的可以发现的、真实的、独立的研究对象，还是像建构主义者所认为的，是我们自己构建的我们在数学中谈论的内容？

了解和准确记忆事实和程序，例如，通过常规的心算练习，对于短期记忆是非常重要的，并能使儿童参与更高水平的认知活动。哲学探究并不能取代这种数学教学，但它可以通过提供研究方法来探索以下重要的领域，从而促进数学思维：

- 通过讨论以下问题来反思数学的性质：
  - 什么是数学？谁是数学家？数学可以测量什么？
  - 谁更擅长数学，女生还是男生？
  - 你需要一种特殊的才能才会擅长数学吗？数学有用吗？为什么要学数学？
- 反思个人的数学经验，发展元认知能力，例如：

- 使用学习日记或笔记本记录想法、感受和问题。
- 讨论诸如被困住、解释、解决问题、测试、证明等的经验。
- 让学生在帮助箱或问题箱中放入他们遇到的任何问题，供以后讨论。

• 反思数学概念，通过在团体探究中的讨论发展数学的元语言能力：
- 有问题的概念，像数字、无限、抽象、零、几何、形状、立方体、球体、空间、模式、概率、定义、证明、存在、发现、符号、集合等。
- 讨论包含数学内容的故事。
- 讨论真实数学家的生活和工作。

• 反思数学的研究过程，例如，可以讨论：
- 以数学方式思考既定对象的方法，比如，让孩子们研究一个一般对象，并找出以数学方式描述它的 10 个或更多的问题。
- 用文字或数据（图形、图表等）来解释问题的方法。
- 解决问题的一系列可能策略。

什么是数学？

以下是关于鼓励思考数学性质的一些问题：

- 什么是数学？
- 数学有用吗？"有用"是什么意思？数学是怎样有用的？
- 谁用数学？什么是数学家？你是数学家吗？
- 你怎么做才能擅长数学？
- 每个人都能在数学上取得成功吗？"成功"是什么意思？在数学上取得成功对每个

人来说都一样吗？
- 什么使数学成为一项挑战（困难）？什么是"挑战"？数学方面的挑战和体育方面的挑战一样吗？
- 数学是发明还是发现？"发明／发现"是什么意思？你在数学方面发明或发现了什么？
- 数学有目的吗？所有的数学活动都有目的吗？你在数学方面所做的工作的目的（或有用性）是什么？
- 与其他科目相比，数学有多重要？
- 你关于数学有什么问题？

"数学是一个创造性的过程，而不是强加的知识体系。解决问题的能力是数学的核心。"（科克罗夫特，1982）[1] 支持创新性的数学探究过程包含两个方面：对所涉及的概念、问题和模式等内容的反思；以及对学习过程的反思。这意味着学生认为数学教师不是不可错的专家，而是更喜欢思考和谈论数学的人。这意味着在数学上取得成功的学生不仅包括那些在数学测试中成绩好的学生，还包括通过积极努力加深对数学理解的学生。

我们知道，孩子们对数学先入为主的想法会阻碍他们的数学学习。数学有一个特殊的问题，因为许多人认为它是抽象的，难以理解，与人类的关切不相关。由于这些原因，许多学生对数学产生了消极的态度。他们可能认为，拥有特殊的才能才会在数学上取得成功，然而他们并不具备这种才能。"数学不适合我，我不擅长。"一个 7 岁的孩子说道。这种态度成为为失败辩护的借

---

[1] 英国皇家文书局，《科克罗夫特数学计算报告：来自由 W. 科克罗夫特博士担任主席的学校数学教学调查委员会的报告》（*The Cockcroft Report Mathematics Counts: Report of the Committee of Inquiry into the Teaching of Mathematics in Schools under the Chairmanship of Dr W. Cockcroft*, London: Her Majesty's Stationery Office, 1982），第 249 段。

口，并让他们进一步认为努力将是无用的。这就是团体探究可以起到作用的地方。学生通过在团体探究中反思他们的数学学习，可以更好地理解数学并保持更积极的学习态度。

参与关于数学的对话意味着不仅了解数学机械和算术方面的内容，也了解数学与人类相关的内容。这意味着讨论证明、问题、答案、概率、估算、模式、直线、无限、集合和数字等概念的含义和解释。正如 11 岁的吉尔所说："当我们可以谈论数学的时候，数学对我来说变得重要了。"

科学

> 实验可以证明一种理论，但是从实验不能走向一种新的理论。
>
> ——阿尔伯特·爱因斯坦

> 你需要科学来告诉你这个世界是怎样的，需要哲学来告诉你它为什么是这样的。
>
> ——杰克，16 岁

关于科学的两个重要特征暗示了它的教学方式，并将其与儿童哲学联系起来。第一，科学是生成性的，从这个意义上说，它是从知识中建构意义。科学是人们知识的产物。知识的构建是通过将知识吸收、翻译和容纳到我们现有思想的图式中实现的。科学主张不仅取决于对事件的解释，还取决于我们对用来描述现象的概念的理解。例如，"所有金属在加热时都会膨胀"这一科学主张不仅依赖证据和观察的积累以及解释这些证据和观察的方式，还依赖我们对所涉及的例如"金属""膨胀"和"加热"等概念的理解。[1]

哲学和科学都涉及对世界的系统研究。科学提供了一种理解我们所生活的自然、物质和技术世界的方法。它既提供了关于世界的知识，又提供了一种科学的方法，用于研究、检查和发现更多。对于许多儿童和成人来说，这是一个通往理解的漫长旅程。那么，哲学如何在这个过程中起到作用？

哲学是关于概念的探究，关于概念、观点以及思考过程的思考。科学是关于对物质和生物世界的实证研究。但是，科学不仅仅是关于事实的积累，它还涉及发展理解和推理的模式。事实和理性都是科学的主题。科学所需的推理能力和儿童哲学探究所培养的技能是密切相关的。在科学和哲学中，一种常见的推理技能是类比推理。时间更像是什么，箭头还是波浪？当两组信息需要联系在一起时，就需要进行类比推理来分析这两个事物之间的异同。正是这个过程帮助我们吸收新信息，检验旧信息。

科学和哲学都涉及自我修正的过程。例如，在科学探究或哲学讨论结束时，我们应该能够问：

- 我现在的想法和以前的想法有什么相似之处？
- 有什么不同？
- 原因是什么？

我们需要充分的理由来改变我们的想法。科学和哲学的一个学习目标是了解什么是一个好的理由。这点很重要，因为科学是会出错的。科学的知识

---

[1] 有关科学教学中认知干预的更多内容请参见：P. 阿迪（P. Adey），M. 谢耶（M. Shayer），《真正提高标准：学术成就中的认知干预》（*Really Raising Standards: Cognitive Intervention in Academic Achievement*, London: Routledge, 1994）。

基础总是在变化。许多科学理论、概念、规律和方法都是暂时的。学习科学的学生需要知道如何运用知识，同时也要意识到知识的局限性。科学解释可能不是唯一的解释，也可能不是一个完整的解释。无论我们对经验的证据有多么确定，总是有怀疑的可能性。正如乔斯坦·贾德在《苏菲的世界》里所说的："虽然我一生只见过黑乌鸦，但这并不意味着没有白乌鸦。对于哲学家和科学家来说，重要的是不要拒绝找到白乌鸦的可能性。你几乎可以说，寻找'白乌鸦'是科学的首要任务。"[1]

用罗素的话说，"喂鸡的手有一天也会扭断鸡的脖子。"因此，科学涉及认识论上的探究。我们总是会问："你怎么知道的？""这是真的吗？""我们怎么能确定？"我们需要通过诉诸理由和证据来证明科学所提出的主张是正确的。

科学是作为哲学（自然哲学）的一个分支发展起来的，两者都有实验和调查的研究方法。以下是哲学探究和科学探究的共同特征列表：

- 系统性探究——询问诸如"如何？""为什么？""如果……会发生什？"之类的问题。
    - 具有明确的探究和研究重点。
    - 使用亲身经验和第二手资料来源。
- 研究日常生活——运用知识阐明和解释常见现象。
    - 理解个人生活和福祉。
    - 考虑保护其他生物和环境。
- 科学思想的性质——考虑检验和支持观点所需的证据。
    - 发展假设和理论的创造性思维。

---

[1] 乔斯坦·贾德，《苏菲的世界》（*Sophie's World*, London: Phoenix House, 1995），第 214 页。

- ○ 认识到思想和理论可能会随着时间而改变。
- 交流——利用讨论来发展对科学概念和词语的理解。
  - ○ 通过讨论分享和解释想法和经验。
  - ○ 使用一系列语言和视觉方法来呈现信息和想法。

团体探究方法在调查性科学的计划和审查阶段特别有用。教师可以在实验前的计划阶段组织课堂讨论，以收集和考虑学生的想法、建议和研究问题。在这个阶段，教师应鼓励学生决定他们需要什么样的证据，思考进行公平检验的方法，并预测可能发生的事情。

活动阶段将是学生通过记录观察和测量数据来收集证据的时间，学生可以在此阶段考虑收集的证据并得出结论。审查阶段需要有充足的时间，学生在此阶段可以通过团体探究分享并反思他们的实验或调查，并尝试就所涉及的方法和想法达成共识。哲学方法或"思维技能"方法不仅会通过向学生提出诸如"发生了什么？""为什么会发生？""它意味着什么？"等问题来关注认知成果，而且还会通过提问"你在做什么思考？""它是如何帮助你找到/解决问题的？""你的思想是科学的吗？"这样的问题来关注元认知方面，即有关思考的思考。

哲学方法不仅可以通过计划和审查阶段丰富科学学科，还可以将科学活动与课程的其他要素以及日常经验世界联系起来。如果没有这种桥梁或与日常生活中有意义的活动的联系，科学与儿童似乎就没有相关性，没有帮助儿童理解他们的世界，而将仅仅是一个强加的知识体系。要促进科学与学生的关系，可以尝试问一些哲学中的关键问题，例如：

- 我们使用了什么样的理由？我们还能在哪里使用这种推理？（逻

辑问题）

- 我们知道这个还是相信它？我们是怎么知道的？这种知识是什么？（认识论问题）
- 这有助于我们解释或理解什么？还有什么可以解释或理解的？（可能是一个形而上学问题）
- 这对我们或其他人有什么帮助？它有用吗？（价值观/道德/伦理问题）
- 这有什么奇怪、有趣或美丽的地方吗？（美学问题）

根据哲学家皮尔士的观点，科学"从对系统碎片化的思考上升到对一个完整系统的设想"。下面这组由美国学前教育专家薇薇安·佩利（Vivian Paley）记录的与6—7岁孩子进行团体探究的对话展示了系统思想建设的早期阶段，这段记录摘自她的书《沃利的故事》(*Wally's Stories*)[1]。讨论的主题是魔法和科学的性质。它展示了一位有哲学素养的教师如何利用问题来帮助儿童做出自发的贡献，以帮助他们探索意义、提出假设和做出判断。

什么是魔法？

教师：一个幼儿园的男孩曾经告诉全班同学，他长大后打算做狮子妈妈。他说他会通过练习魔法来做到这一点。

塔利亚：魔法不能创造人们想要的东西。

---

[1] 关于《沃利的故事》这段引文更全面的讨论请参见：D. 肯尼迪（D. Kennedy），《幼儿的行动：学前教育中出现的哲学团体探究》("Young Children's Moves: Emergent Philosophical Community of Enquiry in Early Childhood Education")，《批判性与创造性思维》，1996年，第4卷，第2期，第28—41页。

教师：魔法有什么用吗？

塔利亚：有神奇的魔术。你可以学习技巧。

哈里：好吧，他可以伪装一下，然后在他旁边放一台录了狮子声音的录音机，人们会认为那是一头真正的狮子。

塔利亚：但那仍然是个骗局。

斯图尔特：就像我姐姐给我的魔术套装。球不会真的消失。它们一直在杯子里。

哈里：唯一的魔法是超人的力量。这是真的。

艾伦：如果你知道如何做魔术师做的事情，你必须不断练习，直到你知道如何做好。

塔利亚：但这仍然只是个小把戏，艾伦。

艾伦：一切都不是骗局，塔利亚。

教师：即使你练习好几年，你能学会变成一只动物吗？

艾伦：不，但也许可以变成别的。

斯图尔特：我的朋友会这样做——这不是魔法，但就像魔法一样。就像有一次他如此坚定地相信他的父亲会送他一些东西，当那一天到来时，他的父亲真的送给了他想要的东西。

教师：这像许愿吗？

斯图尔特：不，他只是在心里相信他父亲会送他一些东西。

约翰：说的是你们班的那个男孩。这只是他真正想要发生但不可能发生的事情。这是一个幻想。

哈里：科学家们可以努力工作，提出一个公式，把人变成狮子。

塔利亚：我听说的唯一一种魔法就是奇迹。

教师：那是不是像斯图尔特的朋友相信的事情一样是特别困难的事情？

塔利亚：有点不同。就像你希望事情会发生，可你知道它不会发生，但突然它就发生了。

> 萨莉：我想有一天可能会有一种药水。我认为这不可能发生。我是说一种能让人变成狮子的药水。但这也可能会发生。
>
> 哈里：他们也许不能让他变成狮子，但让他看起来像狮子，在所有医生的努力下。
>
> 萨莉：你的意思是看起来像狮子，但说话不像狮子。没有咆哮或什么的。但这不是魔法。这与科学有关。
>
> （摘自《沃利的故事》，第 198—200 页）

设计与技术

> 当我在设计东西的时候，我是用手在思考。
>
> ——一个孩子，7 岁

"技术"一词来源于希腊语"*tekne*"，意思是知道如何做事情和制造东西。亚里士多德用它来区分任何由人类精心制造的东西和来自物理或自然世界的事物。科学是关于发展对物理世界的理解的，而设计与技术是将技术应用于人工制品、系统和环境，以达到特定的人类目的。那么，技术与哲学的反思实践——对于希腊人来说，这是其实践智慧（*phronesis*）的目标——有什么关系呢？

技术挑战人们运用他们的知识和技能来解决实际问题。技术不仅仅是制造汽车或桥梁之类的东西的过程。相反，它是关于通过产生想法、计划、制造和检验来找到最佳解决方案以发现和回应人类需求的。技术与能力有关，教会孩子们在特定的背景或环境中满足自己和他人需求的实用知识。但它也涉及对技术如何塑造社会以及社会如何影响技术等相关问题的反思性理解。如果孩子们要解决生活中的问题，并想对技术世界发挥影响力，他们需要在反思和行动两方面做出努力。[1]

表 7.2 总结了设计与技术能力的反思和行动方面。

表7.2　设计与技术的反思和行动方面

反思方面	行动方面
智人——作为思考者的人类	工具制造者——作为制造者的人类
识别需求	提出计划
明确需求	发展计划
细化需求	细化计划
"知道什么"	"知道如何"
使用知识	应用知识和理解

对技术的性质和目的的反思不仅关系到设计和制造，而且关系到信息技术。随着计算机、只读存储器和互联网等信息技术引入到学校和家庭，以及其在信息交换方面的无限潜力，儿童越来越需要以深思熟虑和富有洞察力的方式应对这股信息洪流。

以下是被认为学生应对信息技术发展所必需的一些技能清单：

- 分析
- 分类
- 评估
- 解释

---

[1] 罗伯特·费希尔，J. 加维（J. Garvey），《技术研究》（*Investigating Technology*, Melbourne: Longman Cheshire, 1994），第1—2册。

- 提出问题
- 做出假设
- 做出推论
- 观察
- 预测
- 综合

（资料来源：英国全国教育技术委员会，1989[1]）

这份技能清单同样可以描述人们在与孩子进行哲学讨论时希望看到的各种反应。教师通过讨论技术来提高思维技能的方法是利用关于事物是什么及其运作方式的经验问题，以及鼓励对信息和用于信息处理的技术的概念构建、定义和推理的概念问题。

以下是与一群学生讨论计算机的节选。该讨论包括了反映上述一些思维技能的回答。

人类和计算机有什么区别？

与9—10年级学生（15—16岁）的讨论摘录：

作者：人类和计算机有什么区别？

汤姆：人类可以在没有命令的的情况下做事情，而计算机只能在别人告诉它们的时候做事情。

凯蒂：人类知道他们是谁。他们有名字，计算机没有。

---

[1] 引自：J. 加维，《讨论中后计算机工作对提高思维技能的价值》（The Value of Post-Computer Work in Discussion in Promoting Thinking Skills, 1996），未发表论文，布鲁内尔大学。

乔西：我的计算机有一个名字。我给它取了一个。

汤姆：是的，但是你的计算机不知道它是什么，除非你告诉它。

凯蒂：计算机不知道自己是什么，但人类知道。

作者：人类和计算机有什么相似之处？

杰拉德：他们都对别人告诉他们的事情有反应。计算机按人类的吩咐行事。

亨利：除非它们坏了。

汤姆：人类并不总是按别人所要求的去做。他们可以选择。

杰拉德：计算机都是按照预先设定的指令对事情做出反应的。

作者：这是什么意思？

杰拉德：计算机按照行动或路线行事。这样你就知道它们要做什么了。它们有为它们设定的模式……预先设定的行动路线。

汤姆：我同意杰拉德的观点。人类并不总是遵循预先设定的行动方式。你不知道接下来我要做什么。如果按右键，则可以使用计算机。

塔玛拉：人类没有按钮。

凯蒂：人类在某种程度上做到了。你只需要对某些人说些什么就可以了……

作者：计算机具有哪些人类的特征？

汤姆：存储知识。

尼克：都有记忆。

杰米：它们可以将知识存储在它们的记忆中。

汤姆：计算机只使用人类给予它的知识。

杰米：人类也是如此，他们只使用他们所获得的知识。

作者：计算机有可能被称为人类吗？

莉迪娅：不能。

亨利：如果被称为计算机，那就不是人类。

作者：为什么呢？

亨利：因为……

汤姆：是的，我认为技术可以制造出像人类一样的计算机。

勒罗伊：你可以开发和编程计算机程序。

凯蒂：计算机没有胳膊或腿。

勒罗伊：计算机可以有。

凯蒂：但它们仍然受到计算机的控制。你不能称它为人类。

作者：计算机智能与人类智能是不同的吗？

汤姆：计算机很智能，但它既不聪明也没有智慧。如果给出指示，它可以进行任何智商测试。

凯蒂：但如果你感到悲伤的话，它无法让你振作起来。

作者：计算机的发展带来了什么问题？

丹尼尔：人类是不是一种计算机？

乔西：如果人类能够建造机器来工作，我们是不是再也不用工作了？

塔玛拉：如果人类创造的东西比人类更强大、更聪明，这是个好主意吗？

历史

生活只能向前，但只有向后看才能理解生活。

——索伦·克尔凯郭尔

我知道什么是历史。当你死了……你就成了历史。

——一个孩子，8岁

历史以讲故事开始，通过讲故事的方式来保存民间记忆已经有几千年了。

历史作为一门小学学科可以追溯到 100 多年前。它在 20 世纪初才成为学校的必修课。当时，由于大多数教师没有接受过这门学科的培训，所以教授历史主要是记住一些不太了解的历史事实和课本上的时间线。近年来，历史教学包括了历史方法以及真实的历史探究。然而，检查报告评估道，英国学校的历史教学往往是支离破碎和肤浅的。历史教学中有哪些特殊的问题？在这些问题上，哲学探究能够做点什么？

区分历史和过去是很重要的。历史代表着一种通过将训练有素的想象运用于历史资源来描述和解释过去的系统的尝试。历史的存在不仅是因为其本身迷人，而且它有能力通过对过去的理解帮助我们理解现在。正如西班牙裔美国哲学家乔治·桑塔亚纳（George Santayana）所说，那些不记得过去的人注定要重温过去。但是，向过去学习并不容易：

> 历史有许多捉弄人的通道，精心设计的走廊、出口，
> 用窃窃私语的野心欺骗我们，
> 又用虚荣引导我们。
> ——T. S. 艾略特（T. S. Eliot），《枯叟》（"Gerontion"）

与其他学科一样，历史的关键问题是认识论问题："我们怎么知道？"因此，历史的中心任务必须是鼓励孩子们权衡历史证据，并利用证据做出历史判断。历史探究的目的是"提出和回答重大的问题，选择历史探究的资源，收集和记录信息，并得出合理的结论"（《英国国家历史课程标准》，第 11 页）。一种了解的方法是通过对信息来源的批判性思考，评估证据和确定历史事件的因果关系。但是，在缺乏证据的地方，我们需要创造性思考，特别是想象力和同理心，来重新勾勒出一幅更完整的过去的图景，来寻求对诸如"他们

是怎么想的？""他们有什么感受？""他们知道什么？"等问题的回答。这涉及产生想法、提出假设、超越自我中心的能力，以及尝试进入过去人们的想法与感受的能力。

了解一些过去的事情并不一定能告诉我们历史是什么，就像做算术并不一定能告诉我们数学是什么，或者做实验也不能告诉我们科学是什么。我们希望孩子们不仅要做历史，而且要理解历史的概念和历史探究的性质。"历史是什么？"这是一个困扰着许多哲学家的问题。只需一点点提示，即使是6—7岁的孩子也能说出他们对历史的看法。例如，简说，这是"很久以前"的事情，而对保罗来说，这是"从前"的意思，对凯伦来说，这是"很久以前"的事情。虽然大一点的孩子给出了更具体的定义，但所有的定义都与当时发生的事情联系在一起。有了哲学讨论的经验，孩子们倾向于给出更长的答案、更详细的答案，并且会提出更多的问题来扩展他们的理解。

孩子们认为历史是关于过去的，但是他们对时间概念的理解是模糊不清的。对于大多数7岁的孩子来说，过去是"很久以前"，对于9岁的孩子来说，过去是"不久前"，而对于11岁的孩子来说，过去可能包含他们人生中的重大事件。研究还表明，11岁孩子的时间意识差异很大，有些人仍然用7岁儿童的模糊概括来定义历史。[1]

儿童回答的另一个特点是，历史是关于"重要的人和事"的。10岁的汤姆在说"这不是关于重要的事情的，而是关于人们认为重要的事情的"时，他做出了一个有用的区分。对于葆拉来说，历史是"让世界发生了变化的事情"。

幼儿对历史的性质和目的有了越来越深入的理解。通过反思和讨论构成历史探究的概念，可以扩展儿童的时间和历史思维概念。

---

[1] 更多关于在历史和小学课程其他领域发展儿童概念的内容请参见：C. J. 威利格（C. J. Willig），《儿童概念和小学课程》(*Children's Concepts and the Primary Curriculum*, London: Paul Chapman, 1990)。

什么是历史？

一些有助于讨论历史概念的问题：

- 发生的一切都是历史的一部分吗？
- 你可以在历史书中发现历史上发生的一切吗？为什么是或者为什么不是？
- 谁定义了历史？
- 谁决定历史书中的内容？他们如何决定写什么以及不写什么？
- 历史上最重要的事情是什么？
- 你在历史书中读到的一切都是真的吗？为什么？你是怎么知道的？
- 历史书可能有错吗？如果有，错在什么地方？
- 你怎么发现历史书的错误？
- 每个人都同意过去发生的事情吗？为什么同意或者为什么不同意？
- 人们对历史上发生的事情持有不同的观点吗？为什么会这样？
- 我们如何知道过去发生的事情？
- 历史上是否有一些我们永远不会知道的事情？为什么是或者为什么不是？
- 学习历史是否有用？为什么是或者为什么不是？
- 你认为学习历史是否有趣？在哪些方面有趣？
- 历史比其他科目更有趣或更重要，还是更无聊或更不重要？
- 你希望更多地了解历史的哪些方面？
- 你有历史吗？
- 你如何了解自己的过去？
- 你了解自己过去的一切吗？为什么是或者为什么不是？
- 你生命中最重要的事件是什么？它们为什么重要？
- 你有什么关于你过去的证据？
- 你认为你对过去的回忆都是真实的吗？为什么？

- 其他人是否像你一样了解你的过去？他们会比你知道得更多吗？
- 历史何时开始，何时结束？

> 两个 8 岁的孩子正在讨论证据问题：
> 孩子 1：民主是希腊人发明的东西。
> 孩子 2：你怎么知道的？
> 孩子 1：每个人都知道。历史书中是这么写的。
> 孩子 2：这并不意味着它是真的。

历史知识和时间的概念不是在学习历史的过程中唯一有问题的概念。儿童对诸如王权、民主、革命、议会、自由和法律等政治概念的理解往往是模糊和不明确的。到了 11 岁，孩子们越来越意识到政府的抽象性质，意识到政治问题意味着道德判断。在团体探究中进行的讨论使教师有机会发现儿童如何解释诸如政府、法律、税收、共和国和民主等关键术语。邀请儿童审视和讨论与历史相关的故事、图片或手工艺品可以促进这种讨论。通过这种方式，孩子们可以了解到历史不仅是关于提出问题的，也是关于寻找答案的。像哲学家一样，历史学家会问可能没有正确答案或没有最终解决方案的关于过去的问题。正如克尔凯郭尔所说，生活只能向前，但只有向后看才能理解生活。

地理

哲学帮助我了解我在哪里。

——安娜，10 岁

英国作家 G. K. 切斯特顿（G. K. Chesterton）曾向他的妻子发了一封著名的电报："我在克鲁（Crewe）。我应该在哪里？"我们都有自己的私人地理位置和帮助我们了解自己位置的心智地图。有时，就像切斯特顿的情况一样，它们让我们失望。通过对地方和地方之间关系的理解，地理研究可以帮助我们理解这些私人地理。地理探究有助于形成关于与人类社会和自然世界相关的地方是什么的意识。哲学探究的贡献是，帮助我们和我们的学生更深入地探索人类与环境之间的关系。

在 1901 年出版的《地理教师》（The Geography Teacher）杂志的第一期中，英国学者本杰明·乔伊特（Benjamin Jowett）提出了一个挑战："你能通过教地理让人们思考吗？"地理知识和技能的发展应该有助于我们思考现代世界面临的一些核心问题，特别是地方和全球层面的环境问题。我们的学生是地球未来的监护人。他们需要对环境问题做出重要判断。为此，他们需要知识，包括传统上一直是地理学科主题的知识。但除此之外，他们还需要更多知识。深入思考环境问题包括了解诸如公平、责任和权利等概念，掌握发现后果、设想可替代方案、将特定部分与更大的整体联系起来等策略，以及了解道德问题和有争议的问题。在一次关于环境的讨论中，一个孩子总结了这种困境："我们对世界了解很多，但我们并不总是做对世界有益的事情。"

在帮助我们的学生意识到影响环境的问题，发展对环境质量的判断和关注时，我们最好是不仅要让他们具备良好的课程知识基础，而且有机会在团体协作探究中思考和讨论环境问题。由于全球新闻网络在环境困境和危机方面给我们带来的压力，我们可以邀请孩子们参与各种哲学对话。在过去，他们总是被排除在这些活动之外。一旦关注的问题从事情是怎样的转变为事情应该是怎样的，那么我们的问题就不仅仅是描述性的，更是伦理性的：它们与事情应该是怎样的道德观有关。

要将自然世界和人为环境视为生命的基础和好奇与灵感的源泉，我们就必须对我们对人类和其他物种的责任做出判断，定义某些关键术语，如"可持续发展的环境"，并决定关于保护栖息地和促进人类发展的优先事项。[1]

以下是与环境探究相关的一些问题。

我们应该如何对待环境？

- 我们是否应该考虑什么对我们自己来说是最好的、对他人来说是最好的，以及对所有人来说是最好的（"所有人"包括未出生的人吗）？
- 我们应该考虑什么是对人类来说最好的，还是应该考虑什么是对动物、植物、河流和物理世界的其他东西来说是最好的？
- 我们最关心的是谁——我们的家人、朋友、当地社群、我们的国家还是世界？我们该如何表达这种关怀？
- 环境是什么，人类在环境中的位置是怎样的？
- 我们应该对其他物种负责什么？我们能不能知道动物的感受或想要什么？
- 什么是"发展"，现代发展有哪些问题？
- 大自然有什么好的或美的地方？我们为什么要保护它？我们应该如何保护它？
- 我们可以做些什么来改善当地环境，我们应该怎么做？
- 富裕国家的人民应该帮助贫穷国家的人民吗？为什么？如何做？
- 你希望生活在怎样的世界中，你如何帮助创建这样的世界？

---

[1] 有关环境伦理的刺激物和讨论计划请参见《谁能买到天空？》（"Who Can Buy the Sky？"），出自：罗伯特·费希尔，《用于思考的诗歌》（1997），第32页。

许多地理技能和态度也是良好的哲学对话的特征，例如，"观察和提出问题"（关于地理特征和问题）的能力，以及在试图回答这些问题时，"分析证据、得出结论和交流发现"的能力（《英国国家地理课程标准》，1995）。

艺术

> 我从不把绘画当作艺术作品来作。一切都是研究而已。我不断地研究……
>
> ——毕加索

> 你必须思考艺术才能真正欣赏它。
>
> ——汤姆，13 岁

在艺术学科中进行哲学探究可以说是基于两个主要原则。首先，艺术需要思考。正如康德所说，艺术是"想象力的一种表现形式，引发了许多思考"，并且要充分理解艺术需要思想活动。其次，艺术通过成为探究心灵的焦点可以帮助我们更好地思考，同时为研究和哲学探究提供刺激物。

通过感官上的吸引，艺术引起了思想上的关注和个人联系的建立。艺术要求我们做出个人回应。艺术将我们与另一种生活——艺术家的生活联系在一起，有时甚至是与另一种文化联系在一起。艺术挑战我们的感受和判断。一件艺术作品还包含了想法、概念、原因、难题和问题。我们从艺术作品中获得的意义是个人的，但它们可以共享。在一个群体或探究团体中分享这种意义可以帮助我们改进理解，以更具批判性和创造性的洞察力进行思考。当我们通过别人的视角和作品看世界时，我们可以看到更多。

一件艺术作品提出了一个智力上的挑战。它通过给我们提供一个推测和模糊的游戏——一个哲学谜题——来锻炼我们的头脑。艺术为心灵提供了一些值得研究的东西。艺术的产生是为了吸引我们的注意力，并鼓励我们建立丰富的个人联系。这些联系可能包括社会主题、存在主义问题、令人费解的形式和结构、个人的焦虑和洞察力以及历史文化模式。艺术会产生情感共鸣，它能吸引情感、情绪和难以用语言捕捉的反应。我们在艺术中看到的内容既富有表现力，又是沉默的。艺术是有问题的，因为它没有词语（除了标题）。但是，我们可以通过我们的批判性和创造性思维能力来补充这些词语。

一件艺术作品会经过两次创作——首先由艺术家创作出来，然后由观赏者来进行再创作。它不断地在观赏者的眼睛和头脑中重新被创作。一件艺术作品需要审视——但作为观赏者的我们，也需要被审视。艺术可以为发展许多不同种类的认知提供机会，包括亚里士多德所说的，作为激发哲学思考的惊奇感。

艺术的问题是，它很容易让人陷入一种"看一看"的心态。我们看并相信我们马上看到的东西。我们往往受到"印象派"的影响。我们凭印象行事，草率行事，对事物的接受太快。就像对于平均持续3秒半的电视画面一样，我们依赖大脑快速做出直观的印象。为了获得更丰富、更具哲学意义的艺术体验，我们需要努力克服这种通过第一印象进行分类的自然冲动。我们需要放慢脚步，留出时间去看和思考。但如何做到这一点呢？

首先，选择一件你认为值得一看的艺术作品。在我通过艺术课程进行的哲学探究中，参与者可以浏览许多艺术作品，让眼睛四处看（让心灵产生惊奇），直到选择出一幅作品，一幅丰富的作品，如夏加尔（Chagall）的《我与村庄》（*I and the Village*），或梵·高（Van Gogh）的《星空》（*The Starry Night*）。或者选择一幅不仅滋养眼睛还滋养心灵的抽象的作品，如康定斯基

（Kandinsky）的《摇摆》(*Swinging*)。[1]

在选择了一件艺术作品后，以下步骤可能有助于利用艺术进行哲学探究：

- 花点时间看，比如 3～5 分钟，围绕这件艺术作品进行一次精神漫步，在重要的细节处停下来，避免草率的解释。
- 从不同的视角、特写、更远的距离、奇怪的角度和不同的观点来看，让你的心灵寻找意义。
- 把你看到的和你知道的联系起来，把注意力集中在你不知道的事情上。看看空间和负空间（图像的空白区域）。
- 想想艺术作品中可能体现的一个或多个故事，找出描述图像、符号和想法的词语。
- 提出问题，让问题浮现。你看到的东西令你产生了什么感觉和想法？
- 对你看到的和看不到的，你感到好奇的、惊喜的、有兴趣的和困扰你的地方做笔记，可以是思想笔记或者潦草的笔记。
- 与其他人分享你的问题、评论和回答——选择一个难题或有争议的问题作为对话的焦点。

通过艺术课程进行哲学探究可以是一种亲密的个人体验，一种心灵中的对话。但是，正如英国文艺批评家沃尔特·佩特（Walter Pater）所警告的，我们会"在个人心灵的狭小空间里变得矮小"。通过对意义的共同探索，在团体探究中与他人一起研究艺术有助于扩大和丰富我们的理解。这可以帮助我们：

---

[1] 罗伯特·费希尔，《活泼的艺术：图片集》(*Active Art: Picture Pack*, Cheltenham: NelsonThornes, 1996)。

- 通过提出元问题来思考艺术，例如：
  - 什么是艺术？［对于艺术家杜尚（Duchamp）来说："这是艺术，因为我说它是艺术。"］
  - 什么是美？［对于诗人济慈（Keats）以及希腊人来说："美就是真，真就是美。"］
  - 什么是真？（最好的艺术是生活中真实的存在吗？以什么方式存在？）
  - 艺术能以什么方式帮助我们达到真？（一张照片能成为一件艺术作品吗？）
  - 艺术与生活有什么不同？（一个人和一个人的画有什么区别？）
- 通过对任一艺术作品的提问来在艺术中思考：
  - 你能看见什么？
  - 这件艺术作品包含哪些概念（观点）？
  - 这件艺术作品包含哪些流程（技术或材料）？
  - 这件艺术作品包含哪些判断（设计）？
  - 我们可以将视觉翻译成语言，把所有我们可以看到的变成文字吗？
- 通过提出以下问题来通过艺术进行思考，例如：
  - 这件艺术作品阐释了生活的哪些方面？
  - 它以什么方式与我们自己的生活联系在一起？
  - 它有什么象征意义？
  - 它讲了一个什么故事？
  - 它提出了什么问题或困惑？

通过在一个探究团体中共同解读审美体验，艺术不仅成为视觉思维的源泉，也成为理解的工具。维特根斯坦认为，"世界的真正奥秘是可见的，而不是无形的。"通过艺术进行哲学探究提供了一个更多去思考艺术和生活中可见事物奥秘的机会。

根据霍华德·加德纳的多元智能理论，空间智能和音乐智能都是人类心灵智能的基本模式，而理解是通过审美体验、反思和讨论得到发展的。正如8岁的简所说："艺术不仅仅是绘画，它是关于看到和说出你能看到的东西的。"

音乐

> 音乐通过激荡情感，使人的隐秘本性显现出来，这是一种类似于超感官世界的本性。
>
> ——伊斯兰哲学家安萨里（Al-Ghazali，1058—1111）

> 一段音乐就是时间中的一系列选择。
>
> ——W. H. 奥登（W. H. Auden）

> 音乐是一种你很难理解的语言。有时谈论音乐有助于你理解它。
>
> ——埃米，10岁

音乐是形而上学难题的根源之一。什么是音乐？它是做什么的？这是什么意思？与艺术一样，音乐也提出了一些问题，这些问题可以激发孩子们对美学和哲学的讨论。[1]

---

[1] 这一节关于音乐的内容在很大程度上归功于萨拉·利普泰的课堂研究，参见 L. 刘易斯和 N. 钱德利编写的《中学课程中的儿童哲学》（2012）一书中她使用哲学探究来开发音乐课程的相关章节。

似乎有一种特殊的人类能力，霍华德·加德纳称之为"音乐智能"。这可能是由于祖先需要听到和评估声音，以便在敌对环境中免受捕食者的伤害而发展起来的。我们仍然需要细心聆听的技能，才能在当今繁忙的世界中生存和繁荣。音乐利用这种能力以不同的方式来聆听并评价声音。音乐与其说与我们的身体有关，不如说与我们的精神和心理健康有关。音乐以一种特殊的方式将我们与社会和文化背景联系在一起。它是唤醒我们身体、情感和智力能力的独特工具。

音乐始于聆听，但我们被噪声所包围，以至阻挡了很多我们可能听到的声音。我们听重要的声音，而忽略其他的声音。今天的孩子们被淹没在技术的海洋中。在过滤声音方面，他们并不像成年人那样娴熟。他们防止被不必要的声音困扰的唯一防御措施就是"闭上耳朵"而不去听周围的声音，这使得他们有时会让自己失聪。难怪老师报告说，小孩子很难做到专心听讲。

因此，我们在音乐教学中的首要目标是，让孩子们重新认识到环境中丰富多样的声音，包括音乐的声音，并帮助他们思考这些声音。儿童哲学可以提供给孩子专心倾听并讨论所听到的声音模式的机会。音乐也可以在团体探究中用作刺激物以进行：

- 审美探究——探索音乐在人类体验中的地位和价值；
- 哲学探究——探索对音乐和音乐故事的智力和情感反应；
- 音乐探究——探索音乐声音，提供分类、区分、描述、连接和比较不同类型声音的机会，并发展音乐概念。

声音和沉默是音乐的原材料。有些孩子很少或根本没有沉默的经验。如果哲学是关于发展思维的，那么孩子们需要体验安静的反思。在音乐教育中，沉默和听音乐一样重要。俄罗斯作曲家伊戈尔·斯特拉文斯基（Igor Stravinsky）曾经说过："像重视美元一样重视你的间歇。"他说这意味着，正是沉默的停顿使音乐更传神。音乐或哲学课应该包括"思考时间"，即安静沉思的时刻。如果孩子们在学校没有和老师一起经历过这些，他们什么时候会体验这些呢？当孩子们重拾孩童时对声音的敏感，他们会更欣赏沉默。

音乐有唤醒心灵的能力。有一些研究证据表明，在进行一项具有挑战性的智力任务（如考试）之前，向学生播放音乐（特别是 18 世纪的古典音乐）将提高他们的成绩。因此，音乐被纳入许多加速学习技术也就不足为奇了。音乐是一种强大的工具。问题是，很多教师觉得没有足够的能力教授音乐。团体探究的方法在此可以发挥作用，因为它让教师脱下专家的外衣，并通过与学生一起探索一个音乐刺激物的经验帮助教师发展自己的音乐才能。

音乐也是一种强烈的文化体验。我们认同并拥有我们喜欢的音乐。对于许多孩子来说，这是一次强烈的族群经历。他们知道自己喜欢什么，这往往是成年人不喜欢的。我们都有自己喜欢的音乐风格。

然而，音乐课程（如《英国国家音乐课程标准》）要求孩子们熟悉不同时间和地点的各种音乐风格和流派。儿童和一些成年人倾向于拒绝他们不喜欢的音乐，如他们认为的"非音乐"或"我们不喜欢的音乐"，因此，哲学方法非常有助于挑战儿童自己定义音乐术语并澄清他们自己的想法，而不必仅仅接受由他们的老师或同龄人推荐的音乐类别和价值。

一次团体的音乐探究可以为孩子们提供分享各种音乐刺激的机会。重要的是，所有这些讨论都要从让孩子们听一段音乐开始。不寻常的音乐作品是很好的出发点，因为它们要求孩子们自己澄清哪些元素是他们称之为音乐的必要元素。来自不同文化的音乐，以及在某种意义上"有问题"的当代音乐，为讨论提供了很好的起点。

以下是通过对音乐一些基本概念和音乐价值的思考来帮助儿童对音乐进行哲学讨论的一些问题。

> **什么是音乐？**
>
> 一些哲学问题：
>
> - 什么是音乐？什么不是音乐？
> - 什么是音乐的声音，什么不是音乐的声音？
> - 任何噪声都可以是音乐，或是音乐的一部分吗？
> - 对你或对社会来说，音乐有什么作用？音乐的价值是什么？
> - 你喜欢哪种音乐？为什么？
> - 你的口味变了吗？为什么？
> - 欣赏音乐和喜欢音乐有区别吗？
> - 人们为什么要制作音乐？音乐的目的是什么？
> - 作曲和演奏有什么区别？
> - 如果你在作曲中改变一点东西，它会改变整个作曲吗？
> - 没有写下来的音乐是否存在？
> - 音乐在不播放时存在吗？它在哪里？它是如何存在的？

哲学讨论可以帮助孩子们澄清他们的一些基本音乐概念和价值观，并意识到在任何一个群体中，对音乐的性质和目的都可能有各种各样的意见。孩子们也可以在团体探究中分析音乐。为了激发这样的讨论，给孩子们提供两种音乐来进行研究、比较和对比可能是有帮助的。这两种音乐应该来自不同的传统，但它们为所考虑的特定音乐元素提供了不同的解决方案，例如，不同种类的打击乐、小提琴或长笛演奏。以下问题有助于孩子们在听过一段音乐后对音乐进行分析，帮助他们理解音乐的不同元素和表达方式。

你能听到什么？

关于音乐分析的一些问题：

- 你能听到是什么在制造出音乐？乐器？声音？
- 你怎么知道正在演奏什么乐器？
- 有多少名表演者？你认为他们是谁？
- 音乐传达的是什么情绪或感受？
- 它是否有音高／旋律／节奏／和声／速度／音色／质地／结构？
- 音乐中有什么模式吗？它们是什么？
- 你认为音乐是何时何地被创作的？为什么？
- 把这段音乐和你听过的另一段音乐比较一下。你更喜欢哪一种？为什么？
- 比较同一件作品的两种演奏方式。你喜欢哪一种？为什么？
- 你认为这段音乐的最佳标题是什么？为什么？

孩子们很容易陷入自己的音乐品味和文化中。当哲学向他们展示了思考和体验世界的其他方式时，哲学可以解放他们的心智。哲学探究可以使孩子们摆脱简单和刻板的反应，如对背景音乐的无意识反应。用于促进思考的音乐可以包括孩子们自己的作品，如口语、鸟鸣和大自然之声。首先让他们列出他们能听到的，列出他们想讨论的问题和评论，或者向他们提问关键的问题："这是音乐吗？为什么？"另一个可能刺激讨论的方式是将艺术和音乐结合起来。给孩子们展示两张图片，让他们听两段音乐，然后组织讨论：哪张图片最适合哪段音乐，为什么？

我们越是练习诠释我们的审美体验，我们就越能理解它，也就越能与他人分享它。这反过来又将丰富我们对艺术的理解以及对其他人的理解。正如10岁的布赖恩在一次关于审美体验的讨论后所说的："在我们讨论过以后，我仍然不喜欢它，但我明白了为什么其他人会喜欢。"

体育与运动

> 体育需要做两件事——思考和行动。
>
> ——丹尼，9岁

加德纳多元智能理论的另一种智能是身体智能或运动智能，它由身体技能和心理技能组成。这些身体技能和心理技能密切相关，并表现为"深思熟虑的行动"和"智能游戏"等判断。体育活动的成功取决于智力技能，如专注力、判断力和密切观察力，以及思维和运动方面的创造性技能。哲学探究可以鼓励以一种深思熟虑或"有意识"的方法来进行体育活动，包括对自我和他人的意识。这在教育背景下是很重要的，因为体育活动的成功和安全都可以通过"先想一想"的方法来帮助实现。

为了帮助孩子反思体育活动，教师应该为他们提供机会来表达和分享他们在体育方面遇到的任何问题、难题或想发表的评论。在关于体育的团体探究中，孩子们可能会提出一些具体的问题。除此之外，还有一些更为普遍的概念性问题可以探讨，这些问题是体育学科的核心，包括以下方面。

什么是体育？

要讨论的问题包括：

- 什么是体育？
- 我们是否应该在学校教授体育或游戏？为什么或为什么不？
- 我们通过体育和游戏学习到什么？
- 我们可以通过体育和游戏学到的最重要的东西是什么？
- 体育或游戏能让你成为更好的人吗？为什么或为什么不？
- "公平"竞争意味着什么？什么是或什么不是公平竞争？
- 什么是好的运动行为，什么不是好的运动行为？
- 作为个人参与者和作为团队成员之间有什么区别？
- 运动员或观众应遵守什么行为准则？
- 成功和失败如何评判？
- 男孩和女孩应该参加同样的运动吗？
- 每个人都应该在学校参加体育运动和游戏吗？
- 在比赛中玩得好与赢了比赛，哪个更好？
- 在体育或运动方面取得成功需要哪些心理素质？

为了培养积极的态度，儿童应掌握"作为个人参与者、团队成员和观众遵守公平比赛、诚实竞争和良好体育行为的惯例"（《英国国家体育课程标准》，1995年，第2页）。他们需要学习如何应对成功和失败，并注意他人和

环境。这里有许多问题需要通过身体和心理活动来探讨。[1] 哲学讨论是激发这种心理活动的一种方法。我们需要，就像一个孩子说的，"以体育促进心灵的成长"，以体育促进身体健康。

体育是最能影响人类身心的活动之一，它赋予生命以意义，并创造自我认同感。如果不了解体育在国家和国际活动中所起的作用，就不可能完全理解时事。对许多人来说，体育在他们生活中的作用与宗教一样重要，事实上，对包括儿童在内的一些人来说，体育就是一种宗教。它当然可以表现出宗教的许多特征，包括仪式、生活方式、崇拜、朝圣、圣地、赋予生命意义和目的的能力，以及提供自我超越理想的能力。虽然把体育和宗教进行比较可能存在问题，但对许多人来说，体育显然是生活的一个重要方面。因此，体育的概念很少受到哲学家的关注是很令人惊讶的。

在过去，体育被认为是一种在道德上令人振奋的教育形式，特别是在英国公立学校。有人认为，体育运动促进了具有男子气概的基督教美德，如主动、自立、服从和忠诚。公平竞争的观念、在压力下追求风度，以及在受规则支配的环境中安全释放动物的激情，都增加了体育锻炼的好处。然而，反对体育在道德上有教育意义的人认为，体育通过鼓励支配地位、不惜一切代价取得胜利，以及由职业体育的贪婪和商业化推动的竞争，削弱了而不是加强了道德教育。无论我们对体育在教育中的道德好处或其他方面的看法如何，很明显，体育研究可以提供一个进行严肃的智力探究的来源。

定义什么是运动是一个需要关注的问题。什么是运动？它与游戏有什么

---

[1] 更多有关将运动作为哲学讨论主题的内容请参见：G. 麦克菲（G. McFee），《运动、规则与价值：体育本质的哲学研究》（*Sport, Rules and Values: Philosophical Investigations into the Nature of Sport*, London: Routledge, 2003）；S. 康纳（S. Connor），《运动的哲学》（*Philosophy of Sport*, London: Reaktion Books, 2011）。

不同？它必须有赢家或输家吗？在关于运动的可能定义的课堂讨论中，一个孩子提出，所有运动都会产生一些身体问题。另一个孩子提到，每项运动都有一个你必须达到的目标。还有一个孩子在前一个孩子想法的基础上指出，如果一项活动不需要运动员的努力，它就不可能是一项运动："如果你不去努力，你就不可能赢。"

另一个有争议的问题是运动的价值。它有教育意义吗？运动的好处和危险是什么？它与课程的其他领域相比有多重要？英国教育哲学家理查德·彼得斯（Richard Peters）认为，体育在本质上不如文学欣赏等其他学科有价值，后者"对生活质量有很大贡献"。[1] 其他人则认为，体育与艺术有许多共同之处。它们都是创造性的追求，具有审美感染力。英国哲学家 A. J. 艾耶尔（A. J. Ayer）把足球描述为介于芭蕾和国际象棋之间。在一次关于运动是否可以变得美丽的讨论中，一个孩子说："美丽是获胜的目标。"另一个孩子反驳道："如果你处于失败的一方，就不会。"在一些运动中，比如滑冰运动中，运动的美、"艺术价值"，是可以加分的。然而，和大多数运动一样，在滑冰运动中，获胜是比赛的目标。如果是这样，一个人要走多远才能赢得一场比赛？你会为了赢得一场比赛而作弊吗？你曾经为了赢得一场比赛而作弊吗？什么算作弊？

和所有人类活动一样，体育也会引起道德和社会问题。它们为探究提供了一个资源，既有利于进行体育运动的儿童，也有利于不进行体育运动的儿童。正如一位女孩在一次关于体育运动中的平等机会的讨论结束时所说的："我不喜欢玩游戏，但我喜欢谈论它们。我希望我们能多谈些，少玩点。"

---

[1] R. S. 彼得斯（R. S. Peters），《道德与教育》（*Ethics and Education*, London: Allen & Unwin, 1966）。

宗教教育与精神

哲学帮助我展示我的信仰。

——一个孩子，10 岁

宗教可以看作信仰的保护系统，旨在传递经过充分检验的关于生命本质和人类可能性的信息。精神似乎是人类智力的一种形式，就像其他形式的智力一样，它可以通过各种手段来发展，包括哲学讨论。精神发展的潜力以及宗教准备，似乎已经通过一个进化的过程与人性联系在一起。为什么精神发展为人类生存的一个维度？可能是因为它对人类的繁荣昌盛至关重要。它可以激发并提供一种超越感，使人能够超越日常，体验敬畏、惊奇和神秘。它满足了人类对意义和目的追求，并提供了一种手段，通过这种手段人们可以认识到自己是谁、为什么是谁、我们在哪里以及我们要去哪里。

我们与潜在的宗教联系在一起，但不是针对任何特定宗教的具体内容。宗教会改变，宗教信仰也会改变。我们的许多信仰依赖时间和地点的偶然性。宗教各不相同。它们可能是出于共同的精神渴望，但它们的信仰、实践和世界观可能完全不同。它们能产生人类创造力和道德行为的最高形式。它们也会引起许多不宽容、残忍、偏执和社会压迫。因为宗教包含了关于人类状况的基本和强大的信仰，所以让儿童有机会表达、分享和考虑这些信仰是很重要的。

> **哲学和宗教有什么不同？**
>
> 一名神学学生取笑美国哲学家威廉·詹姆斯（William James）说："哲学家就像黑暗地窖里的盲人，在寻找一只不在那里的黑猫。""是的，"詹姆斯说，"哲学和神学之间的区别在于，神学找到了那只猫。"
>
> 在课堂上讨论这个问题时，10岁的艾哈迈德说："哲学帮助我思考。我的宗教信仰帮助我相信。"

精神发展的潜力对所有学生都是开放的，而不仅仅局限于宗教信仰。许多没有宗教背景的儿童都有能力进行精神层面的体验。这与对人类身份和意义的普遍追求有关。这与和他人、世界的关系有关，对信徒而言，这与上帝或神有关。这与我们对挑战性经历的反应有关，比如死亡、痛苦、美丽，以及与善和恶的相遇。这与我们赖以生存的意义、目的和价值观有关。

德裔美国哲学家、神学家保罗·蒂利希（Paul Tillich）认为，西方社会的困境是我们失去了"深度"（depth）。通过这种方式，蒂利希的意思是我们已经失去了对存在意义的自问。我们没有对自己的本性和理念进行质疑、怀疑和反思，从而失去了深度。这种深度的丧失可以通过与儿童进行哲学讨论来弥补。如果宗教或精神维度源于一种对我们的存在和存在方式产生好奇和质疑的倾向，那么儿童哲学就有一种明确的宗教维度。

一个哲学探究团体提供了一个支持性的环境，孩子们可以通过这种探究提出问题，阐明自己的信仰，发现与他人的共同点，并探索与他人的不同之处。以下是一群7—8岁的孩子提出的一些问题，他们曾问他们是否可以在下一次的哲学探究课上讨论上帝。[1]这些问题反映了他们的视野和想象力的广度：

- 谁创造了上帝？
- 谁是上帝？
- 上帝是如何创造的？上帝多大了？
- 上帝是如何创造世界的？
- 为什么上帝被创造出来？
- 上帝是真实的吗？
- 上帝是怎么创造我们的？
- 天堂是什么样子的？
- 为什么上帝如此特别？
- 为什么上帝会打雷？
- 为什么上帝创造了我们？
- 为什么上帝创造了魔鬼？
- 为什么上帝会杀害我们？
- 为什么上帝会发誓？

思想不是强加于儿童的一套教条信念，在某种意义上，它是对自由表达观点的庆祝，由团体推动和引导。但正如桑塔亚纳所警告的，"尽管精神的本质可能只是思考，但某种强度和进展对于这种思考是必不可少的。"

宗教或精神讨论的以下方面可以促进思想的深入与发展：

---

[1] 对于孩子们的这些问题，我要感谢朱莉·温亚德的贡献。

- 理解个人信仰
- 培养一种敬畏和惊奇感
- 能够控制和超越自我
- 寻找意义和目的
- 与他人建立关系
- 表达创造性见解

大多数孩子都能与精神的这些方面建立联系，但是他们的经历和他们所赋予这些方面的意义会有所不同。哲学探究有助于孩子通过探索自己的想法和了解他人的想法来了解和反思自己的经验。

在探究团体中，讨论所提供的表达基础可以促进学生反思性地探索生命和人类经验的意义。以下是一个 10 岁的孩子对人们为什么是不完美的反思。

为什么上帝没有把我们造得完美？

10 岁的安娜在参加完哲学讨论后，写下了以下反思性的文字：

我知道为什么上帝没有把我们造得完美，如果他这样做，我们就会成为天使。上帝希望人类成为人，能够做出自己的选择。不是圣徒，他们是如此完美，以至他们遵从上帝的每一个愿望。我认为，上帝给我们生命就像一个测试，就像普通中等教育证书考试。如果你通过了，你就会更上一层楼。如果你不及格，你就得再考一次。所以，如果你过着美好的生活，你就会在一个更高的位置上重生。如果你还不够好，你会保持在同样的位置。如果你过着邪恶的生活，你将被降为动物或植物，作为一种惩罚，终生停留在那里，那么你将再次接受考验。如果你达到最高水平，并且仍然过着美好的生活（当你变得更富有、更重要的时候,要过着美好的生活会变得更难),你就会被接纳到天堂。这就解释了为什么我们所知道的天使如此之少。

公民教育

> 这是一个伟大的发现,教育就是政治!一个老师发现他也是一个政治家时,他就要问:"我在教室里在做什么样的政治?"
> ——保罗·弗莱雷(Paulo Freire,1987)

> 每个人都应该有机会说出自己的想法。
> ——拉文德,8岁

今天,儿童面临的挑战之一是如何理解他们通过媒体、学校和家庭以及通过与他人的接触所接收到的信息,他们应该如何看待自己和他人,如何行事,以及如何看待团体中的问题。孩子们接收到一系列关于他们所面临的选择的令人困惑的相互矛盾的信息。难怪许多人对他们的想法和应该做的事情感到困惑:"这是因为有太多的选择,我们不知道该怎么想。"(露西,9岁)

儿童需要通过发展道德和社会价值观来帮助他们迎接这些挑战。社会价值观与社会、环境和国际社会的利益有关。它们创造了一个我们想要生活的世界的愿景和承诺。哲学探究的价值在于致力于:

- 真理、正义、自由、平等和人权;
- 在规则和法律方面坚持公正、公平的原则;

- 认可关怀和承诺的重要性；
- 作为民主讨论的积极参与者承担起责任；
- 关注创造更美好的未来。

哲学探究的目的是鼓励儿童思考社会价值观，了解并参与其团体和社会的生活和关切。在团体探究中讨论社会问题有助于帮助儿童具有成为积极的、有效的公民的能力。这提高了他们对自己作为独特人类和自身需求的意识，也提高了他们对其他人需求的意识。这种自我意识与对他人意识的增长，是哲学或智慧（sophia）发展的核心。它也是"情商"的核心。

丹尼尔·戈尔曼认为，人类有两种不同的智力，理性智力和情感智力。我们的生活是由二者共同决定的——不仅是智商，还有情商。事实上，没有情商，智力就不能发挥最好的作用。孩子们需要探索自己的情感和他人的情感。孩子们需要机会来思考和探索个人、道德和社会价值观，以帮助他们形成发展情商的品质和技能。他们需要学习如何通过对话来讨论和解决与他人生活的情感冲突、问题和挑战。他们需要学习如何有效地向他人表达自己的观点，并对他人的观点敞开心扉，以及如何为世界变得更好做出自己的贡献。正如9岁的马内什所说："我们在学习，所以我们可以创造更好的人类和一个更美好的世界。"

孩子们不会通过别人告诉他们所生活的世界来学习成为积极参与的公民，就像他们不会仅仅通过别人告诉他们如何做来学习阅读或骑自行车一样。了解民主的最好方法是实践民主，即使是在有限的范围内。学习成为一个积极的公民，没有比参与团体探究更好的方法了。但是，你应该怎么开始呢？

报纸为讨论价值观提供了良好的起点。看看当天报纸上的新闻报道。新闻报道中的社会和道德问题是什么？选择一则与孩子的生活和关心有关的报道。和他们分享这则报道。让他们从报道中找出问题、难题和话题。利用他们的评论和问题作为在团体探究中开展讨论的刺激物（如表 7.3 所示）。这样的讨论应该表明现实生活是复杂的，有许多观点需要考虑，很少有选择是明确的。认识到观点的多样性，培养自信，坚持自己合理的观点，是这类讨论的主要目的。如果孩子们不从过去和现在的错误中吸取教训，他们就会重复这些错误。

媒体中有许多值得讨论的话题和问题。表 7.3 给出了由新闻报道所引发的课堂讨论主题的一些例子。

表7.3　可供讨论的新闻报道示例

新闻报道	主题	关键问题
种族主义谋杀	种族主义	为什么会出现种族主义？ 为什么种族主义是错的？ 我们可以做什么？
对打猎的抗议	动物权利	为什么动物被猎杀？ 是否应该允许猎杀动物？
内战新闻消息	战争	为什么会有战争？ 还有其他解决方案吗？
毒品走私	毒品	什么是毒品？ 吸毒是不好的吗？ 为什么？
不上学的儿童	上学	上学应该是强制性的吗？ 为什么？

［资料来源：罗伯特·费希尔，《用于思考的价值观》（2001）］

发展民主团体

民主团体是通过适应其成员的个人需要而发展起来的。民主团体中的决策应该对于审查和理性总是开放的。民主的进程通过体现每个人的发言权和投票权确保这种对变化的开放性，以满足个人的需要。

民主团体是一个尊重权利的团体（见第六章"尊重权利的学校"部分）：

- 体现了个人言论自由的原则；
- 做出批判性推理，而不是依据惯例，是道德判断的仲裁者；
- 从其运作程序和价值观对适应开放的意义上来说是有机的；并且
- 确保其每个成员都有权发表自己的意见和有投票权。

对话在一个团体的发展中起着核心作用。学习面对面地与团体其他成员谈论共同感兴趣的问题是人类最基本和最重要的活动之一。对于儿童来说，它不仅为语言和读写能力的发展奠定了基础，而且增强了作为学习团体成员的自信。良好的沟通和讨论是任何成功团体的核心，无论这个团体是班级、社团还是家庭。共同讨论有助于创建和维持团体，也有助于解决团体问题。11岁的卡罗尔总结了民主讨论的价值，她说："民主是指每个人都有机会说出解决问题的办法，而不是任由少数几个人来解决。"

任何团体，尤其是成员来自不同文化和背景的多元团体的问题在于，可能存在许多重大的、潜在的利益和意见冲突。同样，在民主这个标题下，可能有许多不同的解释和实践。并不是每个人对生活或民主都有相同的理解和经验。需要做的是，从很小的时候就开始参与支持民主的实践，并通过共同讨论发展对生活中存在问题和冲突的理解。如果儿童要学习如何协商和做决定，他们必须参与支持协商和做决定的实践。团体探究为我们提供了一个认真倾听、建设性参与论证和合作讨论的平台，使每个人，无论是儿童还是成年人，都可以找到自己通往个人意义和共同价值观的道路。正如8岁的彼得所说的:"我有很多想法,但除了在我们的'哲学'课上,我没有太多时间来表达。"

思维技能与公民教育之间的联系可以总结为鼓励富有想象力的推理的需要。正如 11 岁的安德鲁在一次讨论中所说的:"想象力帮助我们了解他人的感受。"要使儿童不仅把自己看作与当今世界的其他人有关系的人,而且也是社会中的公民,他们就必须发展富有想象力的推理。正如一个 10 岁的孩子所说的:"你需要想象力来思考世界会是怎样的。"公民身份不仅关系到世界是怎样的,而且关系到世界可能是怎样的。我们能想象一个更美好的世界、一个更公平和更成功的社会吗?那个世界会是什么样子的?如何创建那样的世界?我们可以创造一个更美好的世界、一个更美好的社会。问题是:"我们从哪里开始?"

结语

> 哲学很重要。它应该是每个人都需要的。
>
> ——基伦,8 岁

> 哲学始于惊奇。最后,当哲学思考做得最好时,惊奇仍然存在。
>
> ——怀特海

无论我们的经验和专业水平如何,教学思考并不容易。这是一项具有挑战性的任务,但它建立在对世界的自然好奇以及人类创造想法和与他人分享观点的能力之上。当然,一些孩子提出的问题会让我们感到惊讶,比如,一个 7 岁的孩子问:"如果世界是从大爆炸开始的,那么在大爆炸之前发生了什么？"他们给出的一些答案也会让我们大吃一惊，比如，一个6岁的孩子说："我知道我是一个人，因为当我自言自语时，我总是能得到一个答案。"

在一次哲学对话中，我们为孩子们示范了如何重新思考我们很容易认为是理所当然的事情，并在自己身上重新创造佛教徒所说的"初心"（beginner's mind）。在探究过程中，我们是平等的，我们也会像孩子们一样对他们提出的一些问题感到困惑。哲学家卡尔·波普尔（Karl Popper）把他的自传命名为"无尽的探索"（Unended Quest），而我们对哲学理解的探索也可能是无尽的。我们可以向孩子们展示如何开始他们自己的哲学探究之旅，我们有这样做的一种方法，一种在世界各地行之有效的方法，一种在乡村学校和大学都获得成功的方法，这就是团体探究方法。

团体探究是一种相互帮助研究问题和解决问题的方法，鼓励孩子积极参与学习过程，做出自己的发现，并在讨论引导者的指导下促进自己的理解。这是一种促进合作学习的理想方法，也是激发孩子们互相专心倾听的理想方法。它为提出观点提供了一个安全和支持性的环境。它的总体目标是搁置判断，允许我们的日常思维可能是错误的或至少是不完整的，并更清楚地了解我们的想法和意思。正如维特根斯坦所说，"凡是可以说的，都能说清楚。"[1] 然而，尽管清晰的定义有助于思维和推理的清晰，但儿童哲学不仅仅是要做到一点。它还涉及发展合理性和良好的判断力。团体探究为孩子提供了创造和挑战道德秩序的机会。它认识到，儿童有权表达他们对与自己生活和关切有关的问题、难题和话题。它为孩子们提供了让他们谈论一些困难事情的机会，比如，无限的性质、为什么人会死或者人应该如何生活。它认识到哲学可以发生在不同的层面上，不需要认真或努力从事哲学研究，但它可以很有

---

[1] 维特根斯坦，《逻辑哲学论》（*Tractatus Logico-Philosophicus*, 1921），前言。

趣，就像 10 岁的拉维所说："玩想法很有趣，比如想一想不可能的事情，想想这些想法是不是真的不可能。"

团体探究邀请儿童加入批判性思考者俱乐部，并将他们视为思考者和推理者，即使有时他们并不是！它基于一种乐观的观点，即如果给予适当的鼓励、培养和奖励，孩子们就会以哲学的方式行动起来，能够以深思熟虑的方式讨论重要和复杂的问题。语言是通过使用发展起来的，做哲学的能力也是如此。在很多方面，学会思考就像学习母语一样，它是通过沉浸在我们参与其中的环境中发展起来的。如果孩子们在很小的时候能学会一门新的语言，能学会拉小提琴或者下象棋，为什么不让他们学哲学呢？毕竟，这是学习思考最好的方法。

与孩子一起做哲学的一个好处是，它不需要昂贵的资源，我们已经看到，家庭或教室里的资源就可以支持这项工作。它所需要的只是一个对哲学问题敏感的探究性头脑，并且愿意对思考进行思考。它运用一种我们所有人都拥有的智力形式（霍华德·加德纳称之为"存在智能"），但并不是我们每个人都会用到它。正如 10 岁的卡拉所说："如果我们去尝试，我们都可以做哲学。"

儿童哲学的一些最重要的好处是不能量化的。在讨论过程中，会出现价值无法衡量的神奇时刻。当一个不善言辞的孩子——善于思考却不善于交流——坐在教室的角落里，突然有了一个想法，并且第一次能够表达出利于讨论的一个非常深思熟虑的观点时，你怎么来量化这个时刻呢？然而，通过儿童哲学实践，随着时间的推移，某些结果可能会显现出来。参与哲学讨论的儿童很可能展现出以下特征：

- 更会提问；
- 更积极地参与课堂讨论；

- 更具创造性地提出关于某一特定主题的想法；
- 更愿意和能够提供支持意见的理由或证据；
- 他们的行为更加合理和周到；
- 更关注别人说的话；
- 更相信自己是思考者和学习者。

在引导哲学讨论方面经验丰富的教师反馈了许多专业方面的收获，包括通过在课堂上使用讨论提高了教学效率。哲学讨论的成功带来了回报，就像一位老师说的那样，"它使我在教学中获得了更大的满足感。"在课程规划的实践层面上，儿童哲学为教师提供了理想的课堂讨论资源和起点，尤其是对于培养批判性阅读技能和拓展读写能力来说更是如此。许多教师反馈说，与儿童一起做哲学改变了他们对学生能力的看法。正如一位老师说的那样，"我现在以一种完全不同的方式看待孩子和他们的思维潜力。这提高了我对他们想法和言论的期望值。"另一些老师则谈到哲学讨论如何重新激发他们对课程不同领域的兴趣，或将其作为整个学校发展的一种手段及其"对创建一所思维学校的贡献"。

以下是约翰娜·基尔农老师关于她向儿童介绍哲学经历记录的摘录：

> 他们说哲学始于惊奇。为了知道孩子们是如何思考和学习的，我开始用儿童哲学作为一种可能的教学方法来帮助他们成为更熟练的倾听者和善于表达的发言人。然而，我发现哲学所做的不仅仅是这一点，它帮助孩子们独立思考和推理……
>
> 哲学提供了提高孩子思维能力和自尊心的机会，并增强了孩子对彼此的宽容和尊重。

它可以扩展心灵并且很有趣……当哲学成为一个或多个学期时间表上的一部分时，观察孩子们的进展成为可能。最初，孩子们进行比较、区分和形成观点。后来，他们开始在论证和逻辑上进行练习，渐渐地，他们的思维变得更加富有批判性、反思性，对语境变得更加敏感。他们对那些反驳他们的人更加宽容，并且在被质疑时，他们变得更善于寻找证据和提供证据……去年我在预备班[1]教20个4岁的孩子……我现在相信，即使是很小的孩子也能处理抽象的概念。他们可能无法界定"嫉妒""善"或"说谎"等概念，但他们可以解释为什么讲真话是正确的，不分享是不友善或不公平的。哲学帮助他们探索这些概念意义的微妙之处，例如，一个好人也可以做坏事……即使是这些年龄非常小的孩子也喜欢哲学，并且能在45分钟或更长时间里进行深入的对话。课堂上的哲学被认为是有趣的，但不管对老师还是对孩子们来说，在课堂上进行哲学探究都是富有挑战性的。

哲学讨论是一种智力探索、一种思想冒险。如果你喜欢思考想法，那么儿童哲学会给你和孩子带来回报。没有不能进行哲学思考的人。所有的人，包括年幼的孩子，都有做哲学的智力资源：他们可能缺少的只是机会和动力。

哲学不仅仅是一种思维技能练习，它关乎培养一种灵活的思维。[2]哲学的一个重要特征是，它对重新安排、改变、取代与重新塑造思想和信仰的兴趣。另

---

[1] 预备班（reception class）是英国学校为刚进入学校学习的4—5岁孩子开设的班。——译者注
[2] 更多关于思维模式在人类发展中的重要性，请参见：C. 德韦克（C. Dweck），《自我理论：它们如何影响动机、人格与发展》(*Self-Theories: Their Role in Motivation, Personality and Development*, Philadelphia, PA: Psychology Press, 2006）。

一个特征是，它能够存在于充满不确定性、探索性、可能性和想象力的地方。[1]

"哲学，"维特根斯坦说，"不是一门学说，而是一项活动。"除了通过促进哲学讨论或通过进行儿童哲学进一步训练，没有更好的方法去了解更多关于哲学的事情。[2] 哲学家海德格尔曾经说，一首歌只有在歌唱中才开始是一首歌，同样，哲学只有在做哲学中才开始是哲学。我们所需要的只是开始做哲学的自信，以及让他人参与进来一起做哲学的自信。我们都需要这样的勇气：开始，迈出第一步，进入一个与孩子一起进行哲学探究的未知领域。当对话似乎不起作用时，可能会有一些挫折，每一次重要的冒险都必须经历一些挫折，但在教学思考的过程中也会有一些意想不到的回报，正如本书中引用的儿童和教师的话语所呈现的。对于我来说，开始哲学探究的勇气可以用下面这首匿名诗来很好地加以说明：

> 阿波利内尔[3]说：
>
> "到了边缘"，
>
> "太高了"，
>
> "到了边缘"，
>
> "我们可能会摔倒"，

---

[1] J. 海恩斯，《作为哲学家的儿童》(*Children as Philosophers*, London: Routledge/Falmer, 2002)，第42页。

[2] 英国儿童哲学协会目前被命名为"教育中的哲学探究与反思促进协会"(The Society for Advancing Philosophical Enquiry and Reflection in Education，简称SAPERE)。这一名称的灵感来自康德著名的格言。康德借用罗马诗人贺拉斯（Horace）的话说，"勇于运用自己的理智"（"*sapere aude*"，也可以翻译为"要有勇气独立思考"或"敢于成为智者"），这是康德对"什么是启蒙？"（他写于1784年的一篇文章）这一问题的回答。

[3] 阿波利内尔（Apollinaire，1880—1918），法国诗人，主张"革新"诗歌，打破诗歌形式和句法结构。主要作品有《酒精集》和《加利格朗姆》等。——译者注

"到了边缘",

他们就来了。

他推了他们,

他们就飞了。

为生活而思考

以下是一些有助于反思和讨论为生活而思考的问题:
- 为什么我们在生活中需要哲学?
- 哲学探究可能有助于解决的生活中最紧迫的问题是什么?
- 你认为富有智慧的人类行为中的最重要的因素是什么?
- 哲学探究如何帮助培养积极的公民?
- 维特根斯坦说,"哲学不是一门学说,而是一项活动。"他是什么意思?他说得对吗?

附　录

附录 1　与儿童一起思考的问题或主题

以下是书中出现的 50 个哲学探究的问题或主题。

问题或主题

哲学是关于什么的？	9
一个好的思考者是怎样的？	12
什么是思考？	21
你的大脑是什么样子的？	22
思考让人感到奇怪或困惑的地方有哪些？	26
学校里应该有哲学吗？	32
什么是心灵？你怎么知道你有一个呢？	39
讨论计划：思考和有想法	41

什么是真实的，什么只是看起来是真实的？	43
你的大脑和你的心灵一样吗？	45
世界上有最有趣的东西吗？	60
什么是团体探究？	68
如何最好地解决一个问题？	69
什么是好人？	83
动物应该被杀死吗？	87
如果你捡到一样东西，你应该留着吗？	95
什么是恃强凌弱的人？	97
政府的职能是什么？	100
杰克是个怎样的人？——思考角色	117
什么是故事？	121
关于《灰姑娘》的故事，你能问些什么问题？	135
讨论《灰姑娘》的故事时可用于探究的一些哲学观点	136
关于卡夫卡的《变形记》，你会问什么问题？	138
什么是哲学故事？	144
这个故事的意义是什么？	148
一个苹果是死的还是活的？	163
"认识你自己"是什么意思？	168
什么是真？	173
你是一直在思考，还是只是偶尔在思考？	179
什么是数？	191
什么是想象？	211
如果你和别人交换了大脑，你会变成另一个人吗？	214

什么是倾听？	220
什么是一次好的讨论？	221
什么是朋友？	222
为什么要使用讨论？	223
如果……会怎样？	225
什么使得一次讨论具有哲学意义？	229
我们怎么知道自己不是在做梦？	230
关于讲真话的思考	245
什么是数学？	251
什么是魔法？	257
人类和计算机有什么区别？	261
什么是历史？	266
我们应该如何对待环境？	269
什么是音乐？	277
你能听到什么？	278
什么是体育？	280
哲学和宗教有什么不同？	284
为什么上帝没有把我们造得完美？	286

附录2　用于思考的词语：一种概念课程

以下是一些关键概念的列表，可以与5—16岁及以上不同年龄段的学生进行讨论。

年龄/年级	词语/概念
5—7岁（1—3年级）	听—说 交谈—讨论 思考—思想—观点 大脑—思维 知道—相信 想象—想象力 问题—答案 原因—解释 规则——套规则 同意—不同意 论证—争吵 例子—决定 观点—意见 问题—解决方案 对—错 公平—不公平 真实—不真实（真实—谎言） 现实—不现实 相似的—不同的 谜题—哲学
7—11岁（4—6年级）	接受—拒绝 比较—对比—区分 问题（开放式和封闭式） 假设—事实陈述 原因—支持论点 预测—评估 澄清—困惑 回应—回复 规则—例外 例子—反例

续表

年龄/年级	词语/概念
7—11岁（4—6年级）	证明—反驳 证据—评价 解释—证明 相关—不相关 意义—定义 辩论—说服 事实—意见 数据—信息 可能的—大概的—确定的 原因—结果
11—14岁（7—9年级）	逻辑/符合逻辑的—不合逻辑的 影响—后果 分析—分类 概念（明确/模糊） 相同的—矛盾的 原因/结果关系 推理—演绎 标准（准则）—判断 假设（隐式）—断言 清晰的—模棱两可的（模糊的/不精确的） 类比—比喻 同理心—情商 客观的 –主观的 原则—信念的基础 困境—妥协 权威—证据的可信性 偏见—平衡的观点 观察—解释 释义—总结 理性—非理性
14—16岁（10—11年级）	一致—循环论证 简洁—详细 简化—过于简化 前提—结论 一致—不一致

续表

年龄/年级	词语/概念
14—16岁（10—11年级）	内容—背景 评估—评价 推断—暗含—推出 暗示—建议 理性—信仰—直觉 谬误—谬误论证 相关—不相关 歪曲—描述错误 必要的—充分的（条件） 弱/强论证—批评 逻辑确定性—逻辑不可能性 显式—隐式 合理的—不合理的 证明合理—反驳 识别和评估标准
16岁及以上	表面看来（自明的）—举证责任 主观的—客观的 乞题（假设你必须证明什么） 谬误—错误的选择 相对的—矛盾的—相反的 含混不清（中途改变意思） 反证法（归谬法） 滑坡论证—糟糕事情的小开端 人身攻击（不相关的人身攻击） 二分法—错误二分法 稻草人—不相关 有效推理—无效推理 概括 目的—手段 关系

用于思考的词语：小学思维概念课程教学的一个例子

探究技能教学顺序	
准备（5/6岁）	倾听，问题/陈述，原因，反思，报告
1年级（6/7岁）	举例，基于他人的想法，开放式/封闭式问题，列出标准，总结，反思（回应）
2年级（7/8岁）	对问题进行分组，开放式和封闭式问题，寻求和澄清问题，在讨论中建立联系，解释，相似点和不同点，理由的质量，反思（相关性）
3年级（8/9岁）	不同的观点，不同类型的问题，列出标准，定义，得出结论，隐喻，反例，反思（相关性）
4年级（9/10岁）	其他可能性，区别，类比，相似性和差异性推理，假设，反思（推理）
5年级（10/11岁）	假设，识别错误推理，测试类比，测试反例，相关性，反思（推理）
6—7年级（11—13岁）	评估讨论的进展，演绎推理，假设，概括，证据的合理性，测试假设，推理，反思（重构）
这些技能将在所示年级得到明确和全面的教授。在下一年级将得到复习。	

［资料来源：澳大利亚昆士兰布兰达州立学校（Buranda State School）］

附录3 对话技能清单

以下清单旨在帮助评估小组讨论。它确定了哲学讨论的一些核心对话技能。这些技能可分为六大类——参与、合作、探究、批判性思维、创造性思维和评估。清单可用于编码个人和团体的贡献。

参与

- 评论的数量。
- 对教师的回应/对另一个学生的回应。
- 扩展话语（建立在别人观点基础之上的讨论）/非扩展话语。

合作

- 积极倾听（思考别人说的话）。
- 同意他人的观点（接受他人的观点）。
- 鼓励他人（口头或非口头回应）。
- 与他人协商。
- 轮流。

探究

- 提问最初的问题（提出问题）。
- 确定所问问题的类型（开放式/封闭式、事实的、哲学的等）。
- 提问各种类型的问题。
- 提问后续问题（寻求原因、澄清等）。
- 自我提问（反问或真正的自我探究）。

批判性思维

- 解释（定义、澄清/阐明意义）。
- 证明（给出支持的理由或证据）。
- 分析（例如，比较或对比，作类比）。
- 论证（例如，从一个特定的例子到一个普遍的规则）。
- 自我纠正（在讨论中改变个人的观点）。

创造性思维

- 产生新想法。
- 提出假设（理论、解释、可能的结果等）。

- 推测和想象（例如，使用隐喻）。
- 探索和扩展想法。
- 寻求替代方案。

评估

- 回顾所讲内容（总结所讨论的内容）。
- 检查理解（检查对所说内容的理解）。
- 评估他人的意见（评估参与讨论的贡献的质量）。
- 确定判断标准（例如，学习意图或讨论规则）。
- 判断这次讨论是否成功。

附录 4　我们如何评价对话取得的进展？

收集哲学对话取得进展证据的两种主要方法是：

- 由教师/研究人员分析讨论的证据。
- 通过参与者的自我评估（见附录 5）。

分析证据的最好方法是对课程进行录像或录音，然后转录下来后分析讨论的内容。对小组成员来说，看/听并复习他们的录像或录音讨论也很有指导意义。

以下是分析讨论的一些方法：

- 追踪整个讨论，分析每个贡献者的话语或认知特征（见附录 3）。

- 追踪整个讨论中的一次对话或一个认知特征。
- 追踪整个讨论中的一个学生（或一个小组），分析其贡献。
- 追踪每个参与者的贡献——谁／多少人发言？发言人的性别均衡吗？
- 分析学生／教师参与讨论的比例。
- 识别具有特定焦点（例如转折点）的认知插曲或讨论片段。
- 分析一个认知片段，例如，可以问：
  - 本片段的重点、目的或主题是什么？
  - 它在讨论过程中处于什么位置？
  - 是什么评论引发了这个片段，是由教师还是学生引起的？
  - 是什么评论支撑了这个片段，是教师、学生的评论，还是两者都有？
  - 讨论的转折点是什么？
  - 是否有参与、探究、批判性思维、创造性思维或评估的证据？（见附录3）
  - 将这一片段与另一片段进行比较：是否有个人或小组取得进展的证据？
  - 你认为个人或小组从这次经历中获得了什么？
  - 这一片段在哪些方面符合、超出或没有达到你的目标？
  - 从你促进对话的方式中，你学到了什么？

附录5　评估一次讨论：给学生的一些问题

帮助学生评估一次讨论的问题包括：

提问

- 我们提出的问题是好问题吗？
- 提出了多少个问题？
- 提出了什么类型的问题？

讨论

- 我们讨论了什么？
- 我们找到问题的答案了吗？
- 我们的讨论是一次好的讨论吗？请说出原因。

倾听

- 我们好好地倾听彼此的发言了吗？
- 我们回应别人的发言了吗？
- 我们在讨论中互相尊重了吗？

发言

- 我们把自己的观点解释清楚了吗？
- 有好的想法出现吗？我们是基于彼此的想法来发言的吗？
- 每个人都有发言机会吗？谁发言得最多？

推理

- 我们解释我们的意思了吗？
- 我们为自己的回答给出充分的理由了吗？
- 我们愿意改变自己的主意吗？

思考我们的思考

- 我们做了什么类型的思考?
- 你从讨论中学到了什么?
- 你有什么问题?

评估的重要性在于,它帮助我们在将来制订讨论计划和改进讨论。帮助制订讨论计划的问题包括:

- 我们接下来讨论什么比较好?
- 下次讨论这个问题的最好的方法是什么?
- 我们需要记住什么?

参考文献

图书

关于思维教学与哲学探究的一些教育图书列表：

Bakhtin, M. M. (1981), *The Dialogic Imagination*, ed. M. Holquist; trans. C. Emerson and M. Holquist. Austin: University of Texas Press.

Burgh, G., Field, T. and Freakley, M. (2006), *Ethics and the Community of Enquiry*. Melbourne: Thomson.

Cam, P. (1993), *Thinking Stories: Philosophical Inquiry for the Classroom*. Sydney: Hale & Iremonger.

—(2006), *20 Thinking Tools*. Camberwell, Victoria: ACER Press.

—(2012), *Teaching Ethics in Schools: A New Approach to Moral Education*. Camberwell, Victoria: ACER Press.

Cleghorn, P. (2002), *Thinking through Philosophy*. Blackburn: Educational Printing Services.

Costa, A. (2001), *Developing Minds*. Alexandria, VA: ASCD.

Fisher, R. (1996), *Stories for Thinking*. Oxford: Nash Pollock.

—(1997a), *Games for Thinking*. Oxford: Nash Pollock.

—(1997b), *Poems for Thinking*. Oxford: Nash Pollock.

—(1999a), *First Stories for Thinking*. Oxford: Nash Pollock.

—(1999b), *Head Start: How to Develop Your Child's Mind*. London: Souvenir Press.

—(2000a), *First Poems for Thinking*. Oxford: Nash Pollock.

—(2000b), *Values for Thinking*. Oxford: Bloomsbury.

—(2005a), *Teaching Children to Learn*, 2nd edn. Cheltenham: Nelson Thornes.

—(2005b), *Teaching Children to Think*, 2nd edn. Cheltenham: Nelson Thornes.

—(2006a), *Starters for Thinking*. Oxford: Nash Pollock.

—(2006b), 'Still thinking: The case for meditation with children', *Thinking Skills and Creativity*, 1 (2), 146–51.

—(2007), 'Dancing minds: The use of Socratic and Menippean dialogue in philosophical enquiry', *Gifted Education International*, 22 (2 and 3), 148–159.

—(2009a), *Creative Dialogue*. London: Routledge.

—(2009b), 'Philosophical Intelligence: Why philosophical intelligence is important in educating the mind', in Hand M. and Winstanley C. (eds), *Philosophy in Schools*. London, UK: Continuum, pp. 96–104.
—(2010), 'Thinking skills', in Arthur J. and Cremin T. (eds), *Learning to Teach in the Primary School*. London, UK: Routledge, pp. 374–387.
—(2011a), 'Dialogic teaching', in Green A (ed.) *Becoming a Reflective English Teacher*. London, UK: Continuum, pp. 90–110.
—(2011b), 'Can animals think? Talking philosophy with children', *Philosophy Now* (84), 6–9.
—(2012), *Brain Games for Your Child*. London: Souvenir Press.
Goering, S., Shudak, N. J. and Wartenberg, T. E. (eds) (2013), *Philosophy in Schools: An Introduction for Philosophers and Teachers*, London: Routledge.
Golding, C. (2002), *Connecting Concepts: Thinking Activities for Students*. Camberwell, Victoria: ACER Press.
Goleman, D. (2006), *Social Intelligence*. London: Hutchinson.
Hand, M. and Winstanley, C. (eds) (2009), *Philosophy in Schools*, London: Continuum.
Hannam, P. and Echeverria, E. (2009), *Philosophy with Teenagers: Nurturing a Moral Imagination for the 21st Century*. London: Continuum.
Haynes, J. (2008), *Children as Philosophers: Learning through Enquiry and Dialogue in the Primary Classroom*, 2nd edn. London: Routledge.
Haynes, J. and Murris, K. (2012), *Picturebooks, Pedagogy and Philosophy*. London: Routledge.
Hymer, B. and Sutcliffe, R. (2012), *P4C Pocketbook*. Alresford: Teachers' Pocket Books.
Kuhn, D. (2005), *Education for Thinking*. Cambridge, MA: Harvard University Press.
Lane, J. M. (2012), *The Philosophical Child*, Lanham, MD: Rowman & Littlefield.
Lewis, L. and Chandley N. (eds) (2012), *Philosophy for Children through the Secondary Curriculum*. London: Continuum.
Lipman, M. (1988), *Philosophy Goes to School*. Philadelphia, PA: Temple University Press.
—(2003), *Thinking in Education*, 2nd edn. Cambridge: Cambridge University Press.
Lipman, M. (ed.) (1993), *Thinking Children and Education*. Dubuque, IA: Kendall/Hunt Publishing Co.
Lipman, M., Sharp, A. M. and Oscanyan, F. S. (1980), *Philosophy in the Classroom*. Philadelphia, PA: Temple University Press.
Matthews, G. B. (1980), *Philosophy and the Young Child*. Cambridge, MA: Harvard University Press.
—(1994), *The Philosophy of Childhood*. Cambridge, MA: Harvard University Press.
McCarty, M. (2006), *Little Big Minds: Sharing Philosophy with Kids*. Los Angeles: Tarcher/Penguin.
Murris, K. and Haynes, J. (2000), *Storywise: Thinking through Picture Books*.

Newport: Dialogue Works. Available at: www.dialogueworks.co.uk.

Splitter, L. and Sharp, A. M. (1995), *Teaching for Better Thinking: Community of Enquiry.* Victoria, Australia: ACER.

Sprod, T. (2002), *Books Into Ideas: A Community of Inquiry.* Victoria, Australia: Hawker.

Sutcliffe, R. and Williams, S. (2002), *The Philosophy Club: An Adventure in Thinking.* Newport: DialogueWorks. Available at: www.dialogueworks.co.uk.

Wilks, S. (ed.) (2005), *Designing a Thinking Curriculum.* Victoria, Australia: ACER Press.

期刊

关于思维教学与哲学探究的期刊包括:

Analytic Teaching: The Community of Enquiry Journal (United States).

Childhood and Philosophy (journal of the International Council of Philosophical Inquiry with Children) 2005-present.

Critical and Creative Thinking: The Australasian Journal of Philosophy for Children, 1993–2009.

Thinking Skills and Creativity, 2006-present.

Thinking: The Journal of Philosophy for Children (Montclair, New Jersey: IAPC, 1979–2011.